軍法会議のない「軍隊」

自衛隊に軍法会議は不要か

霞 信彦

Nobuhiko Kasumi

慶應義塾大学出版会

本扉写真：甘粕事件（大正 12 年 9 月 16 日、東京憲兵隊麹町分隊長甘粕正彦大尉ら憲兵が無政府主義であった大杉栄らを殺害した事件）の軍法会議の様子（1923 年 11 月撮影、毎日新聞社提供）

目次

I　なぜいま軍法会議か？

■「軍」という存在

『軍刑法』と『軍法会議』を一セットにして『軍司法』といい、およそ近代以降の軍中に、およそ必須といっていいほど高い割合で設けられた制度である」、もし本書がこのような出だしで始まるとしたら、それを目にした読者はまず面食らい、それだけでその先に読み進むことをやめ、もちろん購入しようなどという気持ちにはならないと思います。国民の大部分が、太平洋戦争終結後生まれの人々により構成されつつある日本では、「軍刑法」や「軍法会議」の存在はおろか名称すら知らないというのは、むしろ当然であり、それらを大上段にかざした著作などおよそ日々の生活とは無縁と考えるのは一般的な反応といえましょう。太平洋戦争まで存在した帝国陸海軍が解体されるとともに、「軍」に特有の司法制度もまた国家の枠組みから姿を消し、国民がその存在を認識することなく半世紀の歳月が過ぎた実情を考えれば、右にいう現実に奇異の感を抱く側の意識こそがズレているのかもしれません。

太平洋戦争後しばらくの間、「軍」やそれに関連する様々な単語を口にすること、まして文科理科を問わず軍事を対象とした学問研究を進めることには、妙に後ろめたい感覚がついて回ったような時期がありました。特に理工系の分野では、現在もなお自衛隊装備品の開発に寄与する研究に大学が関わることを禁止する動きがあるとの話は、厳然たる事実です。そうした状況において、特に昭和20年代なかばに生まれ30年代はじめに小学校に進んだ筆者などは、教育面でも社会面でも、「軍」に関することがすべて負の存在として捉えられタブー視する風潮を肌で感じて育った世代であると思います。

しかし現在では、巷の書店に行けば硬軟取りまぜて、自衛隊を含め軍事に関する多くの出版物が刊行され陳列されていますし、書籍のみならずさまざまなメディアを通じて「軍」そのものへの関心が高まり、現代軍の装備・組織・機能はいうまでもなく、戦史・戦跡・今昔合わせ各国の軍装など、多角的な視点からの積極的なアプローチが試みられています。それに追随するかのように、良くも悪くも「軍事オタク」という言葉がそこここで耳にされます。近年の「軍」の「あつかい」をめぐる様変わりは、太平洋戦争終結後4分の3世紀という歳月がもたらした希釈作用、現代におけるわが国をとりまく国際的な環境、国防に対する国内的な意識の変化に由来すると考えられます。

護衛艦「いずも」（2015年10月撮影）
by Naval Surface Warriors
available at https://www.flickr.com/photos/navalsurfaceforces/22309189565/
under a Creative Commons Attribution 4.0.
Full terms at https://creativecommons.org/licenses/by/4.0

ちなみに、本書の内容の最終的な整理を進めている平成29年5月（2017）、北朝鮮の軍事動向に起因して、東アジアを中心とする軍事情勢に強い緊張が走り、ことと次第では、アメリカ・ロシア・中国といういわゆる大国をも巻き込み、大きな国際紛争に発展しかねない危機が生じています。その潮流の門前の当事国となるのが、日本と韓国である点は疑いの余地がありません。こうした状況の中でわが国政府は、昨年9月に制定した安全保障関連法をよりどころとし、横須賀より日本海に廻航されたアメリカ補給艦を警護するために、海上自衛隊最大級のヘリコプター搭載護衛艦の出動を下令しました。

たまたま筆者が見かけた、地下鉄の売店に吊るされていたタブロイド紙の広告には、「海上自衛隊最大級護衛艦いずも出撃」という見出しが躍っていました。通常に解釈すれば、本来「出撃」という語は、「味方の基地・陣地から出て敵を攻撃すること」（『岩波国語辞典（第五版）』）のように「軍」の存在を前提に用いられます。難癖をつけるつもりは毛頭ありませんが、人目を引くための文面とはいえ、記者のいかなる理解のもとでその表現が採用されたのでしょうか。むずかしい憲法論議などはひとまず措くとして、「軍」という存在が必携すべきさまざまな機関や制度が十分に整備される前に、この国では、今目前にある現実の重武装集団（本書全体にわたりこの表現を用いますが、非難や批判の意はふくみません、為念）が、多くの国民の意識にさしたる疑問の念を抱かせることなく、「軍」として受容されている実情を垣間見る気がします。

しかしそれでも、故意であるか偶然であるかの詮索は別として、いまだあまり口端にのぼらない「軍」をめぐる話題に、冒頭に掲げた軍司法制度、特に制度の中核をなす軍刑法や軍法会議があります。その中でも、軍法会議という言葉が想い起こさせるイメージを挙げてもらうと、筆者のささやかな体験を通じても、ほとんどの場合、「暗黒裁判」という回答が示されます。そこからは、いまだに払拭されていない「軍」に対するマイナスイメージの最たるものの一つが、軍司法制度であるとの感を強く受けるのです。

■ 本書を上梓したきっかけ

ＮＨＫは、ここ10年の内に、「戦争は罪悪である――ある仏教者の名誉回復――」（平成22年10月12日）および「戦場の軍法会議――処刑された日本兵――」（平成24年８月14日）と題し軍司法制度を素材にした、２つのドキュメンタリーを放映しました。

前者は、現在の岐阜県垂井町にある明泉寺の住職であった真宗大谷派（東本願寺）僧侶竹中彰元師が、「戦争」を批判する言動を因として陸軍刑法第99条（造言飛語罪）に問われ、最終的に昭和13年４月（１９３８）名古屋控訴院により禁錮４カ月執行猶予３年の判決を受けた事件をとりあげています。裁判の結果同師は、併せて宗門からも懲戒され宗教活動をほぼ封じられてしまいます。番組は、事件の発端から、太平洋戦争終結の年に死去した同師が、平成19年10月（２００７）ほぼ70年ぶりに本山より名誉回復されるまでの経緯を追跡します。依頼により筆者は、「陸軍刑法」当該条文の内容解説という役割で番組に参加しましたが、事件自体の評価や論評をする立場にはありませんでした。

後者は、太平洋戦争末期、戦闘要員としてフィリピンに派遣され、奔敵（ほんてき）未遂罪や敵前逃亡罪など軍刑法諸条に該当する犯罪行為を犯したとの嫌疑により軍法会議にかけられ、死刑に処せられた兵・下士官の事案を題材にしたものです。今日に残された資料を掲げ、加えて、生存する直接事件の処理にかかわった軍司法官（わが国では一般に「法務官」という呼称が用いられています）の証言をふまえ、刑事処分に至る司法手続きの妥当性の有無を検証しつつ、戦後彼らの遺族が味わった無念や理不尽な体験、法務官たちのその後の経歴にも迫ろうと試みた作品です。なお、本番組の内容に関しては、放映後ＮＨＫ取材班・北博昭『戦場の軍法会議　日本兵はなぜ処刑されたのか』（平成25年）という単行書にまとめられ刊行されました。

客観的に判断して、両番組の指向性が、収集された各種資料や証言の分析、それらにもとづく考証を通じ、軍司法制度の運用により市民や兵士が、どれほどいわれなき不当な扱い、そして処断を受けたかという事実を明らかにする、すなわち軍司法制度の負の部分をより詳細明確に検証する点にあったとする指摘は、誤っていないと思います。そして、太平洋戦争後半世紀を過ぎた今もこうした番組が制作される背景には、先に筆者がふれたように、軍司法制度への不信と批判が、いまだぬぐい去られないまま、継続的に維持されている、という現実を認めざるを得ないと考えます。

■ 重武装集団の抱える矛盾

海上自衛官であった山本政雄氏（防衛研究所戦史部所員、防衛大学校防衛学教育学群准教授を歴任）は、「旧陸海軍軍法会議法の制定経緯——立法過程からみた同法の本質に関する一考察」（『防衛研究所紀要』第9巻第2号　平成18年）と題する論考の冒頭で、

> 現代の我が国では、軍法会議といえば、それは憲兵制度とともに、戦前の旧陸海軍における畏怖すべき非人道的な統治システムとしてのイメージが想起され、一般的にはほとんどその実態が知られていないのが実情であろう。（45頁）

と述べ、そこでは先に筆者が挙げた、軍司法制度に対する一般社会の認識と軌を一にする指摘が示されています。

しかし一方、陸上自衛官であった河井繁樹氏（第16普通科連隊長、東部方面総監部防衛課長を歴任）の論考「自衛隊司法制度の検討――軍刑法や軍法会議に相当する制度検討の必要性」（『陸戦研究』第52巻第610号　平成16年）や、海上自衛官であった中村秀樹氏（潜水艦長、護衛艦隊幕僚を歴任）の、「自衛隊の『敵前逃亡』の罪は盗撮より軽い」（215頁以下）・「軍司法がない軍事組織は異常である」（218頁以下）との自論を含む著書『自衛隊が世界一弱い38の理由』（平成21年）が発表されており、限られた範囲かも知れませんが、軍司法制度の「過去」は過去として、その必要性に視線を投ずる人々の存在をうかがうことができます。

こうした軍司法制度に対するそれぞれの認識のなかで、同制度がわが国において今後どのような地位を得るのか、つまり何らかの形で復活の余地があるのか、今のまま歴史の遺物としてただ過去の批判の対象としてのみ放置され埋没していくのかについては、筆者にもまったく予測は立ちません。ただ、陸・海・空にまたがる世界有数の軍事装備を持ち、その装備を前提に国内および国際社会での活動の場を広げ、もはや実質的に「軍」以外の何ものでもない重武装集団としての地歩を築いている自衛隊が、軍司法制度と最も強い関連性を持ち近接した「立ち位置」にあることは疑いのないところでしょう。

筆者が本書を書き進めている平成28年11月（２０１６）、政府は、「駆け付け警護」と称する、ＰＫＯ活動で認められてきたこれまでの「武器使用」を、より広範に可能にする権限を認めた部隊の派遣を発動しました。命令を受けたのは、青森県に展開する陸上自衛隊第９師団麾下の各部隊で、すでに任務地である南スーダンに出発しています（平成29年５月（２０１７）任務を完了し全部隊員が無事帰任）。派遣先で想定される彼らの活動が、いかなる言を弄しても、警察力の行使ではなく、軍事力のそれと位置づけられるのは自明といわざるを得ません。行動をともにする他国軍、南スーダン国内で対峙するいずれの軍事勢力も、理由はどうあれ自衛隊の武器使用がなされた瞬間に、「日本国軍」の作戦が開始されたと認識するのは、当然のなりゆきといえます。

国家が戦争を開始するための正式手続きである「宣戦布告」にもとづく戦闘とは別に、これまでも多くの偶発的な武力衝突が見出され、また、一度でも、銃火を交える事態が惹き起こされた地域では、再度銃弾が飛び交う可能性が極めて高いという事実は、古今東西の戦史を繙くことにより容易に明らかにされましょう。それらの経験則を勘案すれば、今回は幸い大過なく無事帰国の途につきましたが、派遣された部隊が否応無しに銃をとり「軍」としての本務である戦闘行動に出る余地は、いかに政治家の「安全性云々」というお定まりの発言があったとしても、決して皆無とはいえませんでした（実のところはさまざまな危険に遭遇したようです）。その際、自衛官対相手方戦闘要員や現地住民、さらには自衛官相互の間に発生する可能性のある、法的解決が求められる多岐にわたる問題、その中でも戦闘状態といういわば異常事態で即決即断をしなければならない軍事行動にかかる事案に対し、軍司法制度に頬被りしたままの現状で、わが国は、あるいは現地部隊の指揮官は、いかなる「よりどころ」にもとづいて対処をするのでしょうか、懸念を抱かざるを得ないのです。

陸上自衛隊 平成22度観閲式（2013年12月撮影）

南スーダン派遣に関連しては、『週刊新潮』（２０１７年６月８日号）に、元陸将福山隆氏の「南スーダン撤退で『ＰＫＯ』派遣ゼロ！『憲法9条』が自衛隊を押し潰した」と題する、自衛隊南スーダン派遣部隊員からの聞き書きにもとづく現地での体験談が掲載されています。その一節には、

仮に、自衛隊員が戦闘に巻き込まれ、自衛、あるいは任務遂行のために発砲した銃弾が民間人に当たって相手が死んでしまったとする。こうした場合、ＰＫＯ部隊の兵士はそれぞれの派遣国の軍法会議によって裁かれることになっている。隊員の行為が適切だったか否かは、日本自身が裁くほかはない。

ところが、そもそも日本国には「軍隊」が存在しないため、当然、軍法も軍法会議も存在しない。では、日本がこの自衛隊員を裁く時、適用される法律は何か、究極的には刑法199条の「殺人罪」しかないのである。

との記述がなされ、軍法会議を有しない重武装集団の抱える現実の「矛盾」が生々しく指摘されています。

■ 軍の司法制度と正面から向かい合う

これまで述べたことから、筆者は、軍司法制度のあり方に正面から向かい合い、その存否をふくめ、今後自衛隊が同制度にどの様な指針をもってのぞむべきなのか、はじめに結論ありきではなく是々非々の公正な議論をすべき時期がきていると思います。そしてその前提として、現代日本では、すでに忘れ去られ葬り去られようとしている軍司法制度に関する、いずれにも偏ることのない客観的かつ正確な情報が提示されるべきではないかと考えます。

それを実現する第一の手段として、本書では、まず、明治という時代の幕が切って落とされるとともに、「国軍」の創設が企図され、と同時にその中の組織・制度として形成されていく軍司法制度について、歴史的側面からの解明を試みてみるつもりです。なぜなら、時代の移り変わりに応じ、いく多の変遷を経るとはいうものの、明治初期に、「近代化」あるいは「欧米化」の名の下に、他の法典や司法制度と足並みをそろえて作り上げられた

明治期の日本陸軍
（「歩兵四列射撃」高島信義編『日本陸海軍写真帖』史伝編纂所、明治 36 年、国立国会図書館）

それらが、太平洋戦争終結に至るまで一貫して陸海軍司法制度の柱石となった事実は枉げようがなく、明治・大正・昭和の時代を通じての軍司法制度の基本的な骨組みを理解するために有効と判断するからです。

具体的には、まず、明治15年1月1日（1882）に施行された、フランス法をお手本とするわが国最初の近代軍刑法、「旧陸軍刑法」の編纂過程や周辺の事情、つまり「旧陸軍刑法」の編纂制定に際し、政権樹立まもない明治政府がいかなる姿勢をもって臨み具体的方策を講じたのか、そのためになされた制度の整備や人員選抜・養成は実際どのように進められたのか、に焦点をあわせ論述を進めます。ともに施行された「陸軍治罪法」についても、いささかの言及を試みるつもりです。後に「陸軍軍法会議法」と名を改め軍法会議実施の手続法として軍司法制度の両輪の一方を担うその存在への知見を有することも不可欠だからです

（「旧海軍刑法」・「旧海軍治罪法」もほぼ同時施行されており、当然のことながら、それぞれの編纂には独自の議論や必須の罰条が存在しますが、本書では煩雑を避け、軍刑法そのものへの理解を深めることに主眼を置くという趣旨で、紹介する対象を「陸軍」に限定しました）。あわせて、「旧陸軍刑法」の内容を素材とし、普通刑法と異なる、軍刑法に固有かつ普遍の代表的な諸「罪」の一部をとりあげ、それらの立法目的や解釈を示すことを通じ、軍刑法がいかなる処罰法規なのか、明らかにします。

なお歴史的側面からの話は、本書では、明治初期のわが国諸制度近代化の原点と位置づけられる江戸時代末期を起点とします。それは、ヨーロッパで萌芽をみた近代軍司法制度が、幕府陸軍編成に関連する情報提供の一環として、すでに幕末には幕閣に紹介されていた（わが国ではフランスのそれです）事実に由来するもので、明治維新という統治体制の変革を経て、再び同国軍司法制度が摂取されたという継続性を勘案するとき、国家にとりまた軍にとって軍司法制度が必須の存在であるのかを論ずる端緒が提供できれば、と考えるからです。

第二に、今やわが国では実際にうかがうことのできない軍法会議の実際を、映画と小説という二つの素材をもとに紹介してみます。

『ア・フュー・グッドメン』という映画をご存じでしょうか。トム・クルーズ、ジャック・ニコルソン、デミ・ムーアをはじめ当代の芸達者がそれぞれの役を見事にこなし、アメリカ映画が多く手がける「法廷もの」に属するなかでも秀逸な作品と評価されています。平成4年（1992）に制作上映され、筆者が大好きな映画の一つで、大学での「法学」の講義でも教材としてとりあげ、さらに学生諸君に鑑賞を薦めてきました。

本篇は、アメリカを舞台にしてはいますが、「法廷もの」の中でもあまりとりあげられることのない「軍」という組織に固有の「軍法会議」を題材とし、その視聴を通じて、「軍刑法」と「軍法会議」から組成される現代の「軍司法制度」の内容を、より具体的かつ視覚的に認識させ得る作品といえます。最近の報道番組の自衛隊関連のニュースのなかでは、「軍法の有無」などという単語がサラッと使われます。こうした時、筆者は、正確な定義がなされないまま類似の言葉が一人歩きしていることに、いささかの違和感と危惧を覚えずにはいられません。この映画は、陸海軍が解体され軍司法制度が存在しない国に生きるわれわれに、物語の中でとはいえ、同制度について、基本的に誤りのない情報やその果たす役割の「プラス」の側面を、現実味を帯びた演出により伝えていると思います。

小説としてとりあげる、結城昌治『軍旗はためく下に』（昭和45年）は、「敵前逃亡・奔敵」、「従軍免脱」、「司令官逃避」、「敵前党与逃亡」、「上官殺害」と題する五編の小説を収録する単行書です（のちに映画化され、それは今日ネットを通じて有料レンタルや購入も可能です）。時代は、わが国が大陸や太平洋で戦争に突入していった昭和前期、内容は、帝国陸軍の各戦線における軍刑法および軍法会議にまつわる話です。『軍旗はためく下に』が、著者の「あとがき」（後に引用紹介します）からも明らかなように、フィクションとはいえ決して荒唐無稽な「創作」ではないこと、しかも『ア・フュー・グッドメン』が描く軍法会議の煌めくような存在感や、職務に邁進し正義の実現を目指す法務官の活躍とは対照的な、軍法会議の「闇」ともいうべき部分に言及する作品であることから、同書を通じ、映画とは異なる、軍法会議のもつもう一つの顔へアプローチしてみてください。

本書で選択したそれぞれは、軍法会議を共通の素材とするとはいっても、時代の隔た

東シナ海で共同訓練を実施するアメリカ空母カールビンソンと護衛艦「さみだれ」(2017年3月撮影　National Museum of the U.S. Navy, U.S.A.)

り、日米という国家のちがい、それゆえの軍司法制度や軍刑法の内容自体に異なる箇所があることは言うまでもなく、二つの作品を並べて単純に軍司法制度の存在意義の是非を論じるつもりなど毛頭ありません。筆者の拙い筆力でどれほどその目的を達成することができるかいささか心もとないのですが、軍司法制度とはどのようなものであるかを垣間見る「よすが」となればと願っています。

第三に、日本国憲法第9条により「軍」と位置づける公式見解が採用されず、しかしどこからみても実質的に「軍」としかいいようのない自衛隊が、軍刑法や軍法会議をもたないままで、自らその暴走を抑止して、さらに国民の安全を保障し国際社会で通用する存在たり得るのだろうか、筆者が常日頃抱く疑問に対し愚考の一端を提示するつもりです。

ご承知のとおり自衛隊に関しては、前提に憲法第9条をめぐる自衛隊自体の合憲違憲あるいは改憲という憲法議論が横たわるため、それが解決しない前に、軍刑法および軍法会議を軸とした軍司法制度の未来を論ずることが難しいのは自明です。さらに一般的な解釈では、軍法会議が、憲法第76条2項が禁止している「特別裁判所」に該当すると理解されている点も、第二のハードルとして立ちはだかります。国民主権の立憲国家が何としても護らなければならない、「国民の安全安心」に関わるこれらの憲法条項改正の可否については、決して単に政権政党がその数を傲ることなく、慎重な上にも慎重な国民的議論がくり返された上で結論が出されなければならないのは言をまちません。

しかし一方、かつての過誤を恐れるあまり、実際に国際社会で自衛隊と共同作戦に従事する各国軍には当然に設けられ、各国軍の紀

極東国際軍事裁判における東条英機。本書で取り扱う軍法会議とこの極東国際軍事裁判は全く異なるものです。(National Archives, U.S.A.)

律統制の維持に大きな役割を果たしている、軍刑法および軍法会議を軸とした軍司法制度に目をつむり続けるままで、本当に国民や国際社会に対し信頼を勝ち得ていくことが可能なのだろうか、という疑問も抱かざるを得ないのです。

■ 筆者のこと

幼児期を迎えて以来、一人っ子で、しかも年寄りに育てられたせいか、高邁な理屈はともかく、戦争も喧嘩も裁判も、およそ「争いごと」と名のつくものは、好きではありませんでした。ところが、月刊少年雑誌（確か秋田書店が出していた『まんが王』という誌名だったと記憶しています）が、連載漫画にちなんで始めた「海洋少年隊」と名づける仮想海軍組織の階級章集め（雑誌に付いたシールを何カ月分かまとめて送ると金属製の階級章が手に入り、またさらにシールを追加して送ると一ランク上のものが送られてくる、つまり今思えば、読者の固定化を狙った出版社の販売戦略で、筆者はそれにうまうまと乗せられてしまったわけですが）にはまってからは、軍人が身につける制服や階級章に惹かれ、特に旧日本帝国海軍の士官の制服と階級章をみると、どういうわけか異様な胸の高鳴りを抱くようになりました。

そんななか、東京御徒町にある「中田商店」（旧陸海軍の軍装などに興味を持つ人たちなら誰でも知っているその道の「有名店」で現在も健在です）の発売する旧海軍の襟章や袖章のレプリカを、尉官・佐官・将官と小遣いをはたいて買い足していったことが昨日のように思い出されます（今もどうしても捨てられずに、それらの一部を後生大事に取り置いています）。

そしてそれをきっかけに「軍」というもの自体にも興味をもつようになり、あわせてもともと歴史に興味があったため、特に明治期以来のわが国陸海軍の軍制・戦史・服制・軍人に目を向け、中学や高校時代には、『丸』や『画報戦記』などといった軍事専門の雑誌、「軍」をテーマにした小説・随筆・ドキュメンタリーを読みあさり、先にもふれたように、今流にいえば立派な「軍事オタク」だったといえます（お断りしておきますが、これは誰がなんといおうと「趣味」以外の何物でもなく、政治的な主義主張とはまったくリンクされません）。

将来の進路をめぐってはいささかの紆余曲折はありましたが、結局大学では法学部に進学しました（法学部一直線の方たちからはお叱りを受けるかもしれませんが、筆者の場合何の迷いもなく法学部を志望したわけでなく、たまたま読んだ検察官が探偵役の推理小説——書名は内緒です——に触発されたことが最大の要因になりました）。そこでも、「軍」に関わる法や制度を勉強してみたいとの思いはどこかに沈潜したまま残していました。今となって思えば、二年生の時に、「戦時国際法」という分野を学びたいとの志向のもとで、プレゼミを選択したこともそうした気持ちの表れだったといえます。その後も一般社会の犯罪を対象とする刑法やそれを適用して行われる刑事裁判とは異なる、「軍」に必須かつ特有な軍刑法や軍法会議法に代表される国内法・司法制度への興味を相変わらず抱き続けていたのは事実です。客観的にみれば、たとえ「軍」以外の何ものでもない自衛隊という組織が存在しようとも、さすがに、前節でもふれたように、現行憲法下では、そうした思いが遂げられる余地は皆無であるとの現実は認識していましたが。

学部を卒業した筆者は、大学院法学研究科修士課程に進学し、わが国における法典や司法制度の歴史的な変遷を研究対象とする「日本法制史」という分野を専攻する道に進みました。研究すべき中心課題は、「明治初期の刑事法研究」、指導教授は、学部ゼミナール以来教えを受けてきたわが国明治法制史の泰斗手塚豊博士でした。ただ、手塚博士にも何かの折に、歴史的な観点から明治期以降の軍司法制度に関する研究を手がけてみたい、との思いを話した覚えがあります。是非の明確なお返事について必ずしも記憶がないのですが、筆者の研究者として活字化された第一作は、「竹橋暴動に関する一考察――とくに陸軍砲兵少尉内山定吾の処分を中心として」(『軍事史学』第12巻第3号　昭和51年）と題する、明治初期の陸軍近衛砲兵部隊が起こした暴動事件への関与を疑われた将校をめぐる軍司法処理を題材とした論考で、その素原稿には、手塚博士の手になる赤鉛筆での加除修正がびっしり書き込まれていました。

ちなみに、法律学は、「基礎法学」と「実定法学」という二つの大きな分野に分けられます。基礎法学には、法哲学・法社会学・法思想史などが含まれ、「法制史（または法史学)」も、その一角に位置します。一方実定法学が対象とするのは、憲法・民法・刑法・商法に加え刑事訴訟法・民事訴訟法など、具体的な個々の「法」です（長年の習性で「法学」の講義をしているような書きぶりになり恐縮です)。

確かに実務的な法の解釈や適用を学ぶことを志し法学部の門を叩く多くの学生にとって、第一の目的が、実定法学に属する諸法を学習し理解に努めるという点に置かれるのは、当然のことだと思います。そうしたなかで、法制史は、往往にして、法学部に学んだ人でさえ、時として名前はおろか存在も知らずに卒業してしまうことがあり得る「学科目」となっています（筆者の経験にもとづく私見ですが）。専攻者としては切歯扼腕の思いです。

法科大学院が創設され、実定法学への学問的・実務的関心が一層高まるために、この傾向は、日本・東洋・西洋と大別される法制史全般にわたり、ほぼ共通の現象になっているとうかがわれます。そしてそれは、研究者養成という、一つの学問体系を継承発展させていくためにきわめて重要な課題にも、深刻な影を投げかけているのです。吉田正志東北大学名誉教授（日本法制史）は、かつて「法科大学院における法制史教育」（『学術の動向』第14号　2009年）において、「私個人の意見である」としたうえでその現実を、「法科大学院設置以降、法学部の法制史科目が削減されたり、法制史の教員が退職したあと、そのポストに実定法科目、とくに新司法試験科目の教員が採用されたり、さらには、法制史の教員の退職後、その後任教員の人事がしばらく凍結されるなどの事態を仄聞する」（69頁）と述べます。こうした指摘は、自己の研究のみならず、若手研究者を育成する任を負うとされる常勤教員にとって、身につまされるきわめて切実な問題です。

閑話休題、さてそんな立ち位置にいる筆者は、「法制史」の研究領域のなかでも、特に明治維新後のわが国新政府が、法の近代化、言い換えれば、欧米の法をお手本に新しい法を制定していく「てんまつ」を明らかにし「個々の条文の内容」を詳らかにしようとする試みを、研究の第一歩としてとりあげました。明治15年1月1日（1882）に施行された「旧刑法」（現在の刑法が制定される前までわが国で運用されていた刑法です）は、わが国最初の欧米法に範をとる普通刑法であり格好の研究対象でしたし、同様の方針にもとづいて編纂され相ともなって同時施行された「旧陸軍刑法」は、特に本節でるる述べてきた筆者の興味に照らし大変魅力ある素材でした。近代日本が形成される潮流のなかで、いかなる経緯により明治初期の軍司法制度が創設されていったのか、特に制度の柱ともなる陸軍刑法の編纂が進められたのか、そうした内容を主題に据えた論文を発表してきました。

しかしそこで得た軍司法制度にまつわる情報については、はじめに述べたように、「軍」という存在にふれることを避けようとする傾向の時代に育った者として、言葉には表せない躊躇があり、これまであまり一般に発信することなく今日を迎えました。しかし情勢が変化するなかで、近い将来議論の俎上に載せられる可能性の出てきた軍司法制度について、むしろ客観性のある正確な情報を、できるだけ平易に提示し理解を得ることが必要な時が来ているのではないか、今まさに議論の「よりどころ」を提示すべき時期であると思い、拙い筆を執ることにしました。

II　軍法会議の成り立ち

■江戸幕府の内政と外交を垣間見ながら

徳川家康は、慶長5年（1600）関ヶ原の合戦、さらに慶長19年（1614）から元和元年（1615）に起きた大坂冬の陣・夏の陣の攻防の勝利により、大坂を拠点とする政権の座の回復を渇望した豊臣家を滅ぼし、新たな武家政権、「江戸幕府」（一般に「徳川幕府」とも呼びますが、本書では「江戸幕府」で統一し記述を進めます）を東国江戸の地に樹立しました。以来260年余りにわたり、天変地異やいくつかの局地的な騒乱も天下転覆に至る決定的な要因とはならず、東に徳川征夷大将軍、西に天皇を戴きつつ、両者の「葛藤の上の均衡」が保たれ、結果的に安定した時代が続いたといえます。

しかし、18世紀から19世紀にかけて西欧を中心に席巻した、国家体制・思想文化・科学技術などあらゆる分野への変革の余波は、極東の小国の存在をも見逃すことはありませんでした。領土拡大による国権の拡大、商業利権の獲得を土台とする富への飽くなき追求、の姿勢をあからさまにしたロシアを含む欧米諸国は、わが国に対しても、軍事力と航海術をはじめ多岐にわたる科学技術の進歩を最大の武器に、開幕以来徳川政権が墨守してきた外交方針、つまり「鎖国」（長崎を唯一の開港地とし中国・朝鮮・オランダのみを交易国とする）解除を要請する挙にでました。すなわち、現代の国際社会に至るまでくり返し踏襲されている、強力な軍事力を背景として、経済援助・文化交流・技術協力の「名分」のもと、実は自国の利益の伸長を究極の目的とする、まさに衣の下に鎧が垣間見える「大国の外交政策」は、ある意味最も安易安価な国益達成の方法であり、この時幕府にもほぼ同じ方法がとられたと考えられます。

ちょうど時を同じくして、開幕以来長い歳月を経るなかで、かつて幕府が作り上げた「将軍対大名」という統治機構、いわゆる「幕藩体制」（大名支配地を意味する「藩」という語は江戸時代には公称ではなく、明治時代以降の歴史用語ですが、本書では今日の用法にならい使います）の内実にも差異が生じていました。そのことは、たとえば、幕府の頂点に立つ征夷大将軍が代替わりするごとに、大名が将軍への服属を誓う「武家諸法度の読み聞かせ」という儀式（幕下の全大名を江戸城に参集させ新将軍の新たな施政方針を伝える）で示される各代の武家諸法度の内容を比較することによっても、うかがうことが可能です。つまり家康から家光（三代）に至る武断政治の時期と、文治政治への政策転換が進められていく家綱（四代）・綱吉（五代）以降では、将軍が大名に求めるそのあるべき姿も、支配・被支配の上下関係にある「絶対的服従者」から、領国支配への適性を有する有能な「地方官」へと変化していきます。

■ フランスの最新制度、江戸幕府へ伝来

さて、これまで述べた国際情勢の転換や国内支配体制の変遷のなかで、19世紀を迎え統治者としての幕府本体の威勢は日増しに弱体化していったと考えられます。そうした状況を背景に、機に乗じた薩摩・長州・土佐・肥前を中核とする諸藩は、合従連衡（がっしょうれんこう）のもと、国体の変革を求め倒幕を目指す軍事行動に打って出ます。何とか一矢を報いようとした江戸幕府は、旗本・御家人からなる、もはや実体的な機能を喪失していたといわざるを得ない旧来の幕府軍事組織を、西欧の制にならい近代的軍制に再編することに着手、「幕府陸海軍」の創設が企図されます。

この軍制近代化実現のために決定をみた方策の一つが、それまでも軍事面に関して多岐

にわたり交流を重ねてきた、フランスもしくはイギリスに、新生幕府陸軍の調練伝習を依頼することでした。そして、国内事情や両国との外交関係を勘案し、最終的に幕府はフランスに対し、軍事顧問団の派遣を要請します。欧米列強の一翼を担う同国はこれに応え、倒幕運動が風雲急を告げるなか、慶應2年2月（1866）パリにおいてフランス軍人派遣のための条約が締結されます。翌年1月にはフランス陸軍大臣の肝いりで任命された陸軍参謀大尉「シャノワンヌ」（1835～1915）を長とし、「第一次フランス軍事顧問団」が来日します。同顧問団については、篠原宏氏による『陸軍創設史　フランス軍事顧問団の影』（1983年）中に詳細な考察が述べられています（126頁以下）。同書では、たとえば、「さいきんの日仏関係研究家ポラック氏」の調査により、団員数が、「最終的に十九名（士官六名、下士官十二名、退役下士官一名）」であったことや来日までの経緯が示され、「第一次フランス軍事顧問団一覧表」が掲げられています。軍命によるとはいえ、遠く喜望峰を回り遙かな旅路をたどってわが国に着任したシャノワンヌ以下個々の軍人たちの、任務に寄せる高い使命感や責任感は、今日残された彼らの足跡を記す資料からも十分にうかがうことが可能です。

さて、明治22年12月（1889）に陸軍省より刊行された『陸軍歴史』（全30巻）という

勝海舟（勝安芳『海舟全集 第1巻』（改造社、昭和 2-4 年、国立国会図書館）口絵）

書は、さまざまな資料を掲げ幕府陸軍創設にまつわる顚末を明らかにした信頼性の高い歴史書です。編著者は、落日の幕府軍の最高責任者を務め、西郷隆盛との会談により江戸城無血開城を実現したとされる勝海舟で、勝はそれ以前にすでに海軍省の依頼により『海軍歴史』（全25巻）出版にも中心的な役割を果たしています。

この『陸軍歴史』には、先の顧問団が日本に到着した後、比較的早い時期に（数カ月以内）その一員で撤兵抜龍隊（バタイロン）司令官（篠原氏によれば猟兵第20連隊）・陸軍歩兵中尉「メスロー（メッスロー）」（1841年生まれで、先の「表」では1868年11月17日に帰国とあります）から提出された「建白書」が掲載されています。一節でメスローは、「武局裁判を仕組む事」と題し、軍人の犯罪については、通常の裁判所が管轄するのではなく、異なる制度の特別裁判所、すなわち今にいう軍法会議が担当すべきであるとの見解を示しつつ、「軍事評議役」・「再査評議役」・「プレボーテ」といった軍法会議の種類をはじめ、兵士・下士官・士官といった階級に応じた「審判役」（裁判官）の構成、裁判管轄など、裁判手続きについてのかなり詳細な紹介を試みています。さまざまな考証から、その時彼がよりどころとした法典が、ナポレオン3世治世下の１８５７年8月4日に公布された、「１８５７年仏国陸軍軍事裁判法」、原典名は、「Code de Militaire pour l'armée de terre」であることはまちがいありません（以後本書では「１８５７年仏軍法」の略称を用います。なお、ここにいう翻訳名は、かつて軍事史学という学問領域で多くの業績を残した松下芳男博士の著す『改訂　明治軍制史論（上）』（昭和53年）での命名を踏襲しました（525頁））。

ちなみに、19世紀以降、欧州各国では、常備軍の組織整備や軍紀強化の一環として、新たな軍刑法および軍治罪法（今日にいう軍法会議法）が順次制定されていました。太平洋戦争後衆議院議長にも選出される法学者清瀬一郎氏は、「日本に於ける軍法会議の起源及び発達」（『改造』第18巻第5号　昭和11年）と題する論考の一節で、１８５７年仏軍法が制定された前後の事情について次のように言及しています。

革命前に於いては、仏国国王は出征毎に、各部隊に「軍法会議」といふ処罰委員を置いて軍人の犯行を処罰せしめた。革命当事に於いては、自由平等の思想より、此事も一時中止となり、軍人と雖も、一般犯罪については、通常裁判所で裁判せられることになったが其後また旧制に復し一八五七年以来、この軍法会議の制を法律を以て明定するに至ったのである（68頁）

なおまた、前掲・松下『改訂　明治軍制史論（上）』中にも、清瀬博士と同様の指摘が見られます（433頁）。これらの記述から明らかなように、1857年仏軍法は、フランスにおける最初の体系的な軍司法法典であったと位置づけられます。当時は、ドイツ帝国のように、実体法である軍刑法と手続法である軍法会議法を各個に分けて二法典で制定する国もありましたが、1857年仏軍法は、両者を合体させ、全4巻277条からなる一個の法典で軍司法制度の全体を担うことができるよう構成されていました。

いずれにしてもメスローは、幕府に、ヨーロッパ社会にもたらされた最新の軍司法制度、フランス軍司法制度に関する情報を提供したことになります。つまり、江戸時代末に、幕府首脳たちは、欧州近代軍制の一角に設けられた軍法会議の存在を明確に知悉（ちしつ）する立場にあったのです。現役フランス軍人であるメスローが、自国の軍制を紹介する建白の中で、軍法会議についてしかるべきページを割いた点は注目に値します。彼らに求められた来日の主たる任務は、新生幕府陸軍の指揮官たちに、用兵、戦術、操練といった近代国家の軍を運用するために必要不可欠な情報を伝授することにありました。もちろんフランス軍事顧問団がそうした目的達成に向け可能なかぎり忠実であったのは、『陸軍歴史』の記述から明らかです。加えて、顧問団の中核メンバーともいえるメスローが、軍に固有の司法制度に言及し、軍法会議の詳細な内容を紹介したのは、それが軍制中欠くことのできない必須の組織であるとの明確な認識を有していたからこそと思われます。そしてこうした軍司法制度の重要性に対する共通認識の醸成は、すでにふれたように、欧州各国で、ほぼ時を同じくして当該制度に関わる法令の整備が逐次進められていった事実からみても、十分に推測されます。

メスローの建白にみる、1857年仏軍法が定めた欧州屈指ともいえる軍司法制度は、幕府の崩壊とともに日の目を見ることなしに、わが国の国家体制の表舞台からは、少しの間姿を消します。

政権の変革という抗しがたい歴史の流れはともかく、これまでの経緯を知れば、前掲・松下『改訂　明治軍制史論（上）』に言及が見られるように（433頁）、「Conseil de guerre」

という フランス語の訳語である「軍法会議」という名称が、明治期以後わが国軍司法制度のなかで、あらためて息をふきかえす由縁も、納得できましょう。

■ 不平等条約という重荷

確かに、幕末にフランス軍事顧問団が紹介した、最新のフランス軍司法制度は、一時的に歴史の狭間に埋もれていきました。しかしながら明治新政府は、新たな国軍の編制に腐心するなかで、その一角に、軍特有の犯罪を処断するための、通常とは異なる司法制度を設けることに決して無関心ではなかったのです。ただその意図を具体化するためには、いささかの時間と経緯が必要でした。その間の事情について、若干の説明をしておきたいと思います。

ここで話は今一度江戸時代にさかのぼります。嘉永6年6月（1853）（本書では明治5年12月2日（1872）までの年月日は太陰暦によります）、アメリカ東インド艦隊司令長官マシュー・カルブレイス・ペリー准将が、旗艦「サスクェハナ（サスケハナ）」号に坐乗し計4隻の軍艦を率い現在の神奈川県三浦半島浦賀沖合にやってきました。その掌中には同国フィルモア大統領の親書を携えていました。歴史にいう「黒船来航」です。すでにふれたように、幕府は17世紀中期以来、「鎖国」という外交政策をとり、ほぼ江戸時代の全期を通じて、長崎を唯一の開港港とし、西欧との交際はオランダのみを相手方とするとの姿勢を堅持してきました。これに対してペリーが持参した大統領の親書には、各国が互いに交易を推進する国際的な潮流のなかで、日本もそれに乗り遅れないために鎖国という施策を改め、まずわが国（アメリカ）と親交を結びそして通商の途をひらいたらどうか、という主旨が述べられていました。

ところで、今でこそ欧米諸国の多くは、国際世論を巻き込みわが国の捕鯨活動に厳しい批判をくり返し、一部の団体や個人活動家が、公然と直接的な妨害行動すら辞さない状況にあります。しかしこの時期アメリカは、太平洋においてさかんに捕鯨をおこない鯨油を得て、それが国益に大いに寄与するとの認識に立ち、国家として積極的に支援する姿勢を示していました。

そしてペリーが当時の琉球王国次いでわが国へ来航した目的の一つは、大統領親書にも

「捕鯨船の保護」と明記されているように、太平洋上で捕鯨活動に奔走し銛を打ち放つ自国捕鯨船団への支援を促進する点にあったといえましょう。つまり太平洋上かなり日本に近接した海域まで活動を広げていた当時のアメリカ捕鯨船の航続能力からは、操業後直接母国本土（ハワイは未だアメリカ領土ではなく独立王国でした）に帰着することは不可能であり、そこで目をつけたのが、日本の「閉ざされた港」を、捕鯨船団乗組員に休養を与え、食糧・燃料を得るための「拠点」として確保するという解決策でした（NHK歴史発見取材班『NHK歴史発見【4】』（平成5年）所収「「ペリー艦隊を偵察せよ」幕末琉球情報戦」・134頁以下）。

さて、親書の表面的には穏当な内容とは裏腹に、そもそもペリーの坐乗する旗艦サスクェハナ号は、当時の日本の造艦技術では考えられない3824トンという排水量、射程2000メートル以上に及ぶ長距離砲を搭載する新鋭の蒸気軍艦であり、蒸気船2隻、帆船2隻からなる艦隊の攻撃力は、江戸湾などの幕府防御能力をはるかに凌駕するものでした。したがって黒船来航は、強力な海軍力を背後に自国の捕鯨船保護を目的とした、「砲艦外交」以外の何ものでもなかったといえます。

しかしこの時は、江戸幕府がそうしたアメリカ側への要求に回答を保留したことを受け入れ、ペリー艦隊はひとまず日本を後にしました。ただそれで矛を収めたわけではなく、ペリーは、翌嘉永7年1月（1854）同じくサスクェハナ号を旗艦とする7隻からなる

「幕府使節に会うため横浜に上陸するペリー提督」
("Commodore Perry and his party landing at Yokohama to meet the Shogun's Commissioners" ヴィルヘルム・ハイネ、1855年)

艦隊を率いて再び来航します。実のところアメリカの対日政策は、この間に大統領がフィルモアからピアース（ピアス）に交代したため、砲艦外交から穏健外交へと方針転換の途にありましたが、確たる情報もなく、ただただ艨艟（もうどう）を目の前にした幕府首脳は、国交を求める相手方の不退転の決意を推断し、硬軟さまざまな議論の末、「実質的な交流をともなう交易はおこなわないが、捕鯨船への食料・水・燃料などの提供や漂流した者の保護には応じる」という内容での開国を決意します。同年3月、神奈川（現在の横浜）において、「日米和親条約」の調印がおこなわれ、わが国はそれ以

後、イギリス、ロシア、オランダといったヨーロッパ列強との和親条約締結を加速度的に進めていくことを余儀なくされます。さらに、安政5年6月（1858）、朝廷をも巻きこみ国論を二分するような大論争の後、大老井伊直弼（なおすけ）のもとで、通商を含めアメリカとの本格的な外交関係樹立を意味する「日米修好通商条約」締結の調印がおこなわれました。同様な国交を迫っていたオランダ・ロシア・イギリス・フランスとの間にも、一般に「安政五カ国条約」と総称される修好通商条約が、各個にほぼ時を同じくして結ばれます。

ところで、明治国家がそのスタート点から背負わされた「重荷」が、幕末に江戸幕府がアメリカをはじめ欧州諸国との間に締結した、右にいう修好通商条約の内容に由来するものであったことは、大方の一致して指摘するところです。すなわち幕府は、欧米諸国との交際を始めるにあたり、「片務的最恵国待遇約款の存在」・「領事裁判権の認容」・「関税自主権喪失」を内容とする、「条約」を締結しました。

それらの中で、「領事裁判権の認容」についてふれてみます。相手国に「領事裁判権」を認める条約のもとでは、たとえば日本国内に居住する外交特権を持たない外国人が、日本刑法に掲げられた罪を犯したとされた場合、わが国司法機関が同刑法を適用しその者に対する刑事裁判権を行使することはできません。処断は、当人の本国から派遣されている、日本もしくは近隣国に駐在する外交官（「領事」）の手に委ねられ、しかもそこで適用される「法」は、当人が帰属する本国の刑法なのです。

上述の一項の説明だけでも、条約締結当事国相互の不平等な関係は自明であり、他の二項を合わせ、そこには、今日の国際社会で結ばれる条約中に存在が認められるはずなどあり得ない、典型的な「不平等条約」が姿を現します。

現実に締結された同条約の存在からは、日本を国際社会の一員として全面的には認知せず、欧米近代国家が求める基準に達しない相手方とは平等な信頼関係を築くに足らない、とする欧米諸国の強い意思が、鮮明に投影されているといえましょう。そして、そうした条約の存在は、わが国の威信を損なわせる以外の何ものでもなかったといえます。

また視点を変えて捉えれば、不平等条約の締結は、西欧社会が国家の命運をかけて作り上げていった「外交術」を会得せず、長い間鎖国状態を墨守してきたわが国が支払わねばならない、まことに高い代償であったともいえます。よく「一人の優秀な外交官は、一個師団の兵力を凌駕する」といわれますが、まさに相手方諸国は、日本側の無知を絶好の好機と捉え、生き馬の目を抜く厳しい外交術を容赦なく体現したのでしょう。

こうして、幕末期に欧米との間に締結された不平等条約は、維新後名実ともに「国際舞台における独立国家」としての地位を得ようとしたわが国に、大きな手かせ足かせをはめることになり、それをはずすための塗炭の苦しみは明治時代も後半に至るまで続くことになります。ただ皮肉なことに、この先で言及しますが、そのことからの一日も早い脱却を目指した国家的意向が、わが国近代化推進の大きな原動力となったのも事実です。

■ 明治新政府の外交政策と「法の近代化」

さて、明治維新を契機に新たな国家として船出した日本は、その時点で、既存の屈辱的ともいえる条約を破棄し新たな平等条約への転換を求める格好の機会に遭遇したといえます。にもかかわらず新政府は、「開国和親」の題目のもと、千載一遇のチャンスを見送ってしまうのです。否、見送らざるを得なかったというのが正確な表現でしょう。薩摩・長州・土佐・肥前という寄り合い所帯のもとでは、新政権そのものでさえ何時屋台骨が傾いても不思議でない状況でしたし、何よりも国家の土台となる「財」・「人」・「力」のいずれもが極端に欠乏していました。したがって、みすみす条約改正の好機を逃してしまったことの主因が、余りにぜい弱な国力そのものにあったことは想像に難くありません。もちろんその間に苦渋の試行錯誤が存在した経緯は、明治外交史が今日に伝えるところですが、結果として当時の政府首脳は、「理」をもって有無を言わせず相手国を納得させること、すなわち彼らの求める基準に合致した国家体制を創り上げ、「事実」を背景に否応なしに条約改正を勝ち取るという、まさに正攻法というべき方策を選択しました。

くり返しになりますが、江戸幕府が倒壊し新しい政権が樹立されたのち、新政府が認識した最も大きな課題の一つは、日本という国家を国際社会で欧米諸国と肩を並べる存在として認めさせること、右にいう「事実」の顕示のためにどうしても進めなければならなかった重要国策が、「法の近代化」でした。つまり欧米諸国と同様の土台に立って体系化され、彼らの理解の範疇にある内容を有する法典の編纂こそ急務だったのです。

そして間髪を入れず、「法の近代化」言い換えれば「欧州近代法典を範とする日本法典の編纂」の準備が、開始されました。

左から、ギュスターヴ・エミール・ボアソナアド、箕作麟祥（横浜鎖港使節・パリ万博使節他写真、国立国会図書館）、副島種臣（国立国会図書館「近代日本人の肖像」）

まず、法の近代化の模範とすべき主たる欧米の法としては、幕末以来、文化をはじめ諸方面での交流を深めてきたフランス法が選ばれ、明治2年（1869）、参議副島種臣（そえじまたねおみ）（参議は今日の国務大臣に匹敵する職、副島は後に征韓論争に敗れ下野）は、当時24歳にして俊秀の洋学者箕作麟祥（みつくりりんしょう）に、刑法をはじめ、憲法・民法・商法・治罪法（ちざいほう）（刑事訴訟法）・民事訴訟法といった、合わせて6つの法典（今日の「六法」の語源）の翻訳を命じました。いまだ仏和辞典などない時期に、苦労に苦労を重ね明治7年（1874）、箕作は翻訳作業を完成させました。「仏蘭西（ふらんす）法律書」と命名された同書は、さっそくわが国法典近代化の重要資料となります。さらに政府は、フランス政府に、フランス法教授のため法律学者の招請を乞い、同政府の命を承け明治6年11月（1873）、パリ大学法学部のアグレジェ（大久保泰甫『日本近代法の父　ボワソナアド』（１９７７年）によれば「わが国の助教授に近いもの」（23頁）であったボアソナアドが来日します。ここに新政府の法典近代化推進の基礎的体制が確立し、法典編纂事業が緒につきました。

最初に進められたのは、社会の治安を維持し国民の安全を守るために必須の刑法典の編纂でした。

ボアソナアドの全面的な支援のもと、本格的な編纂作業は主務省であった司法省において開始されます。以後刑草案審査局、元老院といった政府上部の審議機関の審査を経て、明治13年7月16日（１８８０）に「旧刑法」（後に改正される「刑法」と区別するため本書ではこの表記をとります）が公布されます。施行は、ほぼ1年半後の明治15年1月1日（１８８２）、ここにフランス法を土台とする明治維新後最初の近代法典が制定されたのです。もちろん刑法を適用して進められる刑事裁判を掌る「治罪法」（同様に、改正を経た後「刑事訴訟法」と改称されるのですが、本書ではこのままの表記をとります）もほぼ同様の編纂過程のもとに完成し、刑法と同時に公布・施行されました。近代刑事法分野の車の両輪がそろったのです。

III 近代の軍法会議

■ 近代軍司法制度の形成

これまで述べてきたことから明らかなように、明治新政府の首脳は、江戸幕府から受け継がざるを得なかった「不平等条約」という「負」の遺産を償却し、西欧列強が主導権を握る19世紀の「国際社会」で、わが国が、一日も早く独立国としての名誉と体面を確立することを希求しました。それがための粒粒辛苦(りゅうりゅうしんく)の方策の一つが「法の近代化」をすみやかに推し進めることであり、西欧法を範とする普通刑法および普通治罪法の完成は、まさにその最初の成果でした。

そしてこの二つの法典の内容を見極めつつ、わが国近代軍司法の中核をなす「陸・海軍各刑法」、軍法会議を規定する「陸・海軍各治罪法」の編纂作業も緒につくのです。明治15年1月1日（1882）に施行された「旧陸軍刑法」・「旧海軍刑法」（実体法）や、それに遅れること約1年と8カ月、明治16年8月15日（1883）に施行される「陸軍治罪法」・「海軍治罪法」（手続法）は、こうした背景の中で創定された、わが国近代化つまり西欧化の申し子の一つと位置づけることもできましょう。

そして以下本章では、「旧海軍刑法」とともに、昭和期に至る日本の軍刑法の原点ともいうべき「旧陸軍刑法」の編纂過程や内容を紹介することを中心に、わが国近代軍司法制度形成の一端を概観してみたいと考えています。

さてこれまで述べた新政府の法典編纂に向けての姿勢は、先学の論考や史料の分析から、そのまま軍刑法や軍法会議に関する法典の制定にもあてはまるものと思われ、Ⅱ章冒頭に指摘したように、明治政府が、政権樹立のかなり早い時期から、軍に固有の司法機関や法典の必要性を把握し、併せて高度な専門性を必要とする職種ゆえの人的側面の充足を進めようとしていた明確な意図が推測されます。その証左としてここでは軍刑法に的をしぼり紹介を試みてみます。

明治3年12月（1870）に新政府が、政権樹立後初めて日本全国に周知頒布（はんぷ）した普通刑法「新律綱領」（かつて奈良時代に、わが国が隋唐から継受した中国律の系譜をひき、その後の明清律を参酌して編纂された律系刑法典です）の内容をふまえ、明治5年2月（1872）、編成間もない海陸両軍に共通の「海陸軍刑律」（全204条）が制定されています。同法は、明治15年1月（1882）、フランス法を中心に欧州各国の法典を参酌して編纂されたわが国最初の近代軍刑法である「旧陸軍刑法」および「旧海軍刑法」（後に改正される「陸軍刑法」・「海軍刑法」と区別するため本書ではそれぞれこの表記で呼びます）が施行されるまでの間、現行法としての役割を担うことになります。

ところで、もちろん時々の軍刑法の内容は、それらが参照した母法（お手本にした他国の法がある場合それを「母法」、その結果制定された法を「子法」といいます）や編纂者の意向、時代背景、そして何より各軍自体の組織や編成を前提に、定められることはいうまでもありません。しかし、軍という重武装集団を統制するという立法目的にたてば、古今東西いずこの軍刑法にも共通かつ普遍の規定が存在するであろうとの推測も可能です。

そこでここでは、「海陸軍刑律」の内容の一部を紹介することを通じ、以下の点にふれておきます。すなわち、近代国家への体制変革を目指しつつも未だ現実には前世代の残滓（ざんし）を引きずるなかで制定をみた「海陸軍刑律」が、わが国に固有な刑罰法規の内容をどれくらい継承していたのか、一方軍刑法の内容として一般に必須とされる条項がどれほど含まれているのか、それらについて、後に述べる近代軍刑法への変遷の過程を知るための、「はしわたし」になると考え明らかにしてみます。

■「海陸軍刑律」の刑罰

まず、「海陸軍刑律」の刑罰には、江戸時代の「武家法」、もしくは古代に中国から伝来しわが国に根付いた「律」、の影響を受けたと推測される条文が見受けられます。

前者としては、将校に科せられる刑罰中死刑を「自裁」とし「セップク」とルビがふられ、期間を定めて私宅もしくは「監倉」に身柄を拘束する最も軽い刑を「閉門」とし、「監倉」には、江戸時代の獄制に由来する「アガリヤ」（かつての武士階級などを収容する獄舎の呼称）とルビがふられている、などの例を挙げることができます。また後者としては、下士卒の刑罰に律以来の「五刑」（「笞・杖・徒・流・死」）の内から「笞」・「杖」・「徒」がそのまま援用、規定されている点が、顕著な例といえます。

一方、同律は、下士卒の死刑に、「銃丸打殺」すなわち「銃殺」を採用し、執行方法についても、きわめて具体的に規定しています。

> 兵隊整列ノ前ニ於テ、罪人ノ目ヲ覆ヒ、跪キテ隊ニ面セシメ、練熟セル銃手数人ヲシテ、其

眉間ヲ打タシメ、以テ其命ヲ断ツ、

ちなみに、今日に至るまで、軍人としての「名誉」を重んじるという意味で、軍籍にある者の死刑は「銃殺」により執行する、という各国共通の認識が存在するといわれています。太平洋戦争後の国際軍事法廷において、

『海陸軍刑律』（兵部省、明治４年、国立国会図書館）

死刑判決を受けた軍人の処刑方式について、絞首刑・銃殺のいずれが選択されるかにより、判決を下した側の被告人に対する意識、ただの犯罪者なのか軍人としての職責上の責任を問うたのか、がうかがわれるなどという指摘があることも、その認識の有無を前提にしてのものといえます。

先にもふれたように、明治初期に定められた「海陸軍刑律」では、江戸時代でいえば「上士」にあたる将校を「切腹」すなわち「自裁」とし、「下士」にあたる下士官・兵を「銃殺」に処するとしており、従来武士の名誉刑である「切腹」と、欧米から伝来したであろう軍人に対する原則的な死刑執行方法である「銃殺」が混淆（こんこう）されている点は、立法者

のいかなる考えでこうした規定がなされたのか、また文明開化期における日本と欧米の制度が止揚された一例としても興味深いものがあります。軍刑法に反し死刑判決を受けた者の執行は、軍人であれば階級を問わずすべて銃殺による、という方策は、明治15年1月（1882）施行の旧軍刑法において規定されて以降、太平洋戦争終了後陸海軍の解体、軍刑法廃止に至るまで一貫して踏襲されます。昭和11年2月26日（1936）に起こされた「二・二六事件」の首謀者たちが、軍法会議の死刑判決により代々木の陸軍衛戍監獄で銃殺刑を執行されたこと（その中に元軍人や民間人を含みますが、これは陸軍刑法適用による処断のための銃殺）は人口に膾炙（かいしゃ）する一例です。

「二・二六事件」当時の内務省前

「海陸軍刑律」には、「謀叛律」・「対捍徒党律」・「奔敵律」・「戦時逃亡律」・「平時逃亡律」・「凶暴劫掠律」・「盗賊律」・「錯事律」・「詐偽律」という9つの罪種が条を連ねて掲げられています。表記だけではわかりづらいものがありますが、「対捍徒党律」は、「カミヘタテカフ」とルビがふられ、「武弁ハ、貴賎ヲ論スルコトナク、上官ノ命ハ、直下ニ服従スヘキ」という条文が示すように、軍の命令系統の堅持こそ軍の任務を全うするための最重要事項であり、それを阻害する「抗命」を処罰する規定となっています。そのなかでも、「三人以上、相与シテ、上官ノ命ニ抗スルヲ、対捍徒党ト云フ、軍法ニ於テ、殊ニ厳禁タリ」として多数の者が結党共同して上官の命令に従わない場合には、特に死刑を主軸にする厳罰を科す旨が明らかにされていました。あるいは、「錯事律」は、軍人の多種にわたる過誤失錯や当然果たすべき義務の不履行を処罰する規定で、将校が独断で命令内容や人員配置の変更した際すみやかに上長に報告をしなかった場合や、海軍では「商船風浪ノ険ニ罹ルニ逢ヒ、救フヘクシテ、救ハサル」場合なども本罪に該当しました。

■ 陸軍裁判所

さらに、軍司法の手続的制度の変革を、煩雑を避け、陸軍に的をしぼって紹介してみます。

まず明治5年4月（1872）、時の陸軍大輔（たいふ）（後の陸軍省次官にあたる）山県有朋（やまがたありとも）の「建議」にもとづき、東京に、陸軍全体の軍司法を統括する「陸軍裁判所」が創設されました。

「建議」については、前掲・松下『改訂　明治軍制史論（上）』にも言及されていますが（433頁）、ここでは、「建議」に示された注目すべき山県の主張の要旨を、さらに詳しく紹介したいと思います。それらからは、建軍間もない時期の陸軍を主導する立場にあった山県が、軍司法制度の重要性を強く認識し、より完成度の高い制度設計に邁進する姿勢がうかがわれ、見逃すことができないからです。生涯に毀誉褒貶のつきまとう人物ではありますが、「建議」に見られる慧眼からは、明治維新後の脆弱な国体を支えた力量の片鱗がうかがわれます（かつて筆者は、拙著『矩を踰えて　明治法制史断章』（２００７年）166頁以下）の、「山城屋和助　夢の跡」と題する項で、明治5年11月、長州出身で維新前後に軍との繋がりをもっていた富商山城屋和助が、陸軍省内で割腹自殺を遂げた事件をとりあげ、その原因が、山県陸軍大輔の関係する官費不正費消に端を発する可能性にふれましたが、「建議」とほぼ同じ時期のこうした「不祥事」の存在か

山県有朋（国立国会図書館「近代日本人の肖像」）

らは、人間誰しもとは言いますが、山県の二面性を見る思いです）。

「建議」は、「判訟讞獄ハ天下ノ大事」（軍における訴訟は国家の重大事である）、「其政体ト相関スル焉ヨリ大ナルナシ」（国家の統治と大きく関わるものである）とし、向後わが国では、軍司法の任に就く者は、軍人としての本来の知識技能を熟知習得するのみならず、「兵家政学兵家法律等ノ科ヲ学ヒタル」者でなければならないこと、明治2年8月（1869）に設けられた軍人犯罪を処断する「糾問司」という機関では、実務責任者が軍における佐官最下級の少佐相当官に過ぎず、「是レヲ以テ全国軍人ノ罪犯ヲ断セシムレハ権タル固ニ軽」く、さらに少佐以上の階級を有する軍人の罪犯を裁くこととなれば、「兵制ノ命脈タル従命ノ大憲」にあい背くものとなる、それがために新たな軍司法機関では長たる等級を、大佐相当官とし「文武官法律ニ通スル者ヲ任用スル」との見解および構想が表明されています。くり返しになりますが、断片的に紹介した上述の内容からでさえ、軍司法制度の確立を、建軍の枢要な柱と考える山県の強い意向を推察できると思います。

陸軍裁判所設立とともに、初代所長に任命されたのは、西南戦争の熊本城攻防戦でかの地を死守し名をなす猛将・陸軍大佐谷干城でした。谷がこの後時をおかず陸軍少将に昇進し熊本鎮台司令長官に補任されたことをふくめ、彼の階級や軍人としての経歴を考えれば、まさに先の「建議」が反映された人事といえましょう。時を同じくして、「評事」・「主理」・「録事」と命名の、軍司法実務を処理する法律専門官職を創設し、早速軍人兼任もしくは文官の任用が実施されて、「建議」の具現化が図られ人的側面の充実も進められました。

翌5月には、軍司法手続きに関し新政府が最初に手がけた準拠法、「鎮台本分営罪犯処置条例」の制定をみました。そこには、海陸軍刑律に定める法定刑や罪犯者の階級によって異なる「軍法会議」の管轄、罪犯者の階級に応じた同会議の構成員、たとえば、最下級の将校である少尉を裁くためには、大佐もしくは中佐を長として、少佐1名、大尉・中尉各2名の階級にある軍人計6名からなる会議を構成すること、など手続きに関する諸規定が列挙され、先の海陸軍刑律の制定と合わせ軍司法制度の整備が緒についたことがうかがわれます。さらに明治8年12月（１８７５）制定の「鎮台営所犯罪処置条例」がその役目をひき継ぎ、明治16年4月（１８８９）の「陸軍治罪法」（後年改正に際し「陸軍軍法会議法」と改称されるので本書ではこのままの表記をとります）施行までの間、軍司法手続法としての役割を果たします。ちなみに、海軍もあい呼応して、「海軍裁判所」を設け「評事」・

「主理」・「書記」を配し、海上艦船が主な職域であるという海軍特有の状況はありますが、ほぼ同じ歩調をとります。

以上述べた海陸軍刑律や鎮台営所犯罪処置条例など初期の軍法が、明治初期の軍刑事裁判においてその任をまっとうし、軍紀維持に寄与したことはまぎれもない事実です。それは、当時の陸軍の全体像を知るために不可欠な公的刊行物である「陸軍省日誌」(各省ごとに編集された今でいう「官報」に類するものの陸軍版で国家行事・人事・戦役死傷者名・法典や諸規定・伺(うかがい)および指令・裁判記録などを掲載、陸軍省日誌は明治5年より同15年まで発行)をはじめいくつかの史料に残された裁判記録などにより明らかです。

たとえば、明治11年8月23日(1878)、現在の東京都千代田区北の丸公園に隣接す

「竹橋事件」を惹き起こした近衛砲兵大隊に所属する将校

る一角に兵営を構える、近衛砲兵大隊の兵卒が、東京鎮台の将校・下士官・兵卒を巻き込み叛乱事件（叛乱勃発地の名前にちなみ「竹橋事件（竹橋暴動もしくは竹橋騒動とも呼ぶ）」）を惹き起こしました。天皇を直衛する近衛部隊の叛乱は、政府首脳の心胆を寒からしめ、処断如何では新生軍制を崩壊させかねない、明治初期最大の国軍叛乱事件でした。西南戦争出兵に際しての論功行賞への不満が主たる原因とされますが、兵卒の処断にあたり陸軍は、すでにふれた「鎮台営所犯罪処置条例」の手続きにもとづき、陸軍裁判所で審理を進め、海陸軍刑律中、先に紹介した「対捍徒党律」第85条、すなわち謀議の上結党して叛乱行為におよぶ者への罰条を適用、兵卒53名に死刑（銃殺）を言い渡しました。事件関係者に対する処断をめぐり、後年さまざまな議論がなされたことはともかく、すでに述べたような明治初年以来の軍司法制度の整備が、法にもとづくすみやかな事件処理を可能にし、国軍全体への動揺の波及を止め得た最大の要因と言えましょう。

さりながら、「旧陸軍刑法」・「旧海軍刑法」そして「陸軍治罪法」・「海軍治罪法」（後年改正に際し「海軍軍法会議法」と改称されるので本書ではこのままの表記をとります）制定にいたるまでの軍法は、翻訳などを通じて移入されつつあった西欧のそれに関する情報を取り入れている部分が散見されるものの、「新律綱領」に代表される当時の普通刑法が、「律」を土台にして編纂されたと同じように、全体的に見て、西欧をお手本とした近代法制に由来するもの、とはいい難い内容でした。

■ 津田真道と西周

明治6年8月30日（1873）、津田真道（まみち）という人物が陸軍省に着任します。津田は、江戸幕府の末期に幕府留学生としてオランダのライデン大学に学び、明治新政府になってからは、司法省に奉職し法律専門職としては最高位の「大法官」という地位に昇りつめていました。

幕府留学生のオランダでの生活を豊富な資料にもとづき生き生きと描いた、宮永孝著『幕末オランダ留学生の研究』（1990年）には、津田の履歴を綴る最後を、

維新後の津田の経歴を見ても判るように、かれは順境にあったといえる。オランダでフィッセリングより学んだ政治・経済・哲学・法学のうち、『泰西国法論』（明治十一年四月、開成

所学校翻刻）と『表記提綱』（統計学）を翻訳刊行したばかりか各種の法典の編纂に従事し、わが国の法曹界の先進者として多大の貢献をなした（682頁以下）

としめくくります。そうした順風満帆の人生を歩んでいった津田の唯一の「つまづき」が以下の出来事かもしれません。

すなわち津田は、同年7月に司法卿（司法省の長、現代の法務大臣にあたる）江藤新平により大法官を解任されてしまいます。何が何でも西欧法を取り入れ単に引き写してでもわが国の法典の近代化をはかるべしと主張する江藤と、いたずらに西欧法を模倣するよりわが国の事情や慣習をよく参酌（さんしゃく）検討し新たな近代法を創り上げていくべきであるとする津田との間に、法典近代化の姿勢をめぐる考え方に確執が生じ、それが免官の原因であったとの説が有力です。不平等条約改正により国益を高めるために、なりふり構わずがむしゃらにことを進めようとしてい

津田真道（国立国会図書館「近代日本人の肖像」）

西周（国立国会図書館「近代日本人の肖像」）

た江藤にとって、西欧法に通じていたがゆえの津田の見識が小癪なしたり顔に思われ、気にいらなかったのか。法を掌る総本山ともいうべき司法省は、江藤の、よくいえば一途、他方からみれば後に引くことを是としない強引な性格により、一人の有能な法律専門家を掌中より手ばなすことになりました。津田は、歴史のはざまに時として見い出される、なまじ偉才を有するがゆえに自らの節を屈せず、組織の権力者に疎まれそこでの地位を失いあたら活躍の場から追放される人物の一人であったかもしれません。ただ、津田にとって幸運だったのは、青年時代より刎頸の交わりのあった一人の友の存在でした。

失職した津田に手を差しのべたのは、陸軍大丞西周です。卿（大臣）や輔に次ぐ陸軍省の高官であり、陸軍卿山県有朋の信頼も厚く、長く陸軍の思想的基盤や諸制度の確立に多大な貢献をする西は、津田とはかつてライデン大学でともに机を並べた仲でした。時代の変わろうとする混乱期に、異国で新知識吸収のために刻苦勉励した両人に、強い友情が芽生えたのは想像に難くありません。おそらく西から山県への献言がなされたのでしょう。津田は、西と同格同等の陸軍省四等出仕として陸軍省に迎えられ、独仏米を中心に関係外国文献の調査や翻訳を任とする第一局第六課の課長を務めるとともに、陸軍裁判所への出仕を兼務します。これにより津田は再び自らの才能を生かす職を得、一方で法制度整備を意図していた陸軍省にとっても時宜にかなう人事でした。

■陸軍刑法の編纂と井上義行

ところで、明治6年から同8年にかけて、法律案起草の権限は、政府の「左院」という機関に専属的に委ねられ、各省は蚊帳の外に置かれるという体制が布かれていました（「左院専管体制」と呼びます）。そうした体制下ゆえに、陸軍省着任後の津田が、ただちに具体的な陸軍刑法草案の編纂作業に従事したとはいいがたいものの、津田に下された辞令などからは、仏軍法の翻訳など明らかに法典編纂の準備と推察される作業が、彼を中心に粛々と進められていた様子がうかがわれます。当時陸軍卿山県が、主務省をないがしろにして法典編纂を左院に専ら管轄させる政府の姿勢にきわめて批判的であり、そのことを公言してはばからなかったことを併せ考えるとき、左院専管体制の解除を予測して、司法省退任を余儀なくされた当代屈指の法律専門家津田を雇用し来るべき日に備えていたともいえます。しかし津田は、土台を築いたのち、最終的に直接陸軍刑法編纂に参画することなく、明治9年4月（1876）陸軍省を去り、法や国家制度を定める際に諮問機関的な役割を果たす「元老院」の議官に転出することになります。

明治8年4月（1875）左院は廃止され、すでにふれた法典の編纂を左院のみの専属的な管轄事項とする体制も終焉を迎えます。まさにそれに呼応して、同年9月には司法省が新たな普通刑法制定への歩を進め、翌9年5月（1876）陸軍省もまた武官文官総勢11名を「軍律取調」、すなわち陸軍刑法草案編纂委員ともいうべき新たに作られた役職に任命し、本格的な編纂作業を開始しました。陸軍大佐原田一道、同黒川通軌、同小沢武雄、陸軍少佐葛岡信綱、陸軍大尉岡本隆徳、同井上義行、陸軍省七等出仕林退蔵、同八等出仕岩下長十郎、同十一等出仕肥田野黙、同十二等出仕工藤雅節、陸軍裁判大録事吉岡民雄、がそのメンバーです。

彼らの「軍律取調」就任以前や、草案が完成しその任を解かれた後の経歴をみると、任命権者である陸軍首脳の、草案作成に向けての役割分担や意図をうかがうことができます。

まず、原田と小沢は、砲兵・歩兵と兵科は異なるものの純粋な軍人出身で、編纂に関わった後は本来の軍務に戻り、それぞれ陸軍省砲兵局長と同総務局長という軍政中枢の役職を歴任、ともに将官に累進して陸軍部内での栄達を遂げます。両人が、編纂作業の主任格として総括的なとりまとめや省内外に対する「顔」の役割を果たしていたと思われます。

さて、実質的な編纂作業に従事したのは残りの9名と考えられます。就任以前の経歴からは、彼らが、専門的な法律学習の機会を得ていたかどうか必ずしも明らかではありませんが、いずれも多少なりとも実務的に軍司法に関わる経験を有してきた点を考慮され、編纂作業の一員に加えられたであろうことは十分に推測できます。このなかで、明治11年11月（1878）および同13年8月（1880）に死去した吉岡・岩下と、明治10年（1877）以降の消息を明らかにすることができない林を除く6名は、軍刑法施行後も、軍人の身分と兼官で陸軍部内の法律専門職である「理事」（官制改革で以前の「評事」より改称）に任命され、陸軍裁判所や各級軍法会議、師団法官部などの役職者として、何らかの形で陸軍司法に携わることとなります。こうしたことから、陸軍省は、「軍律取調」任命に際し、将来の陸軍司法の中核を形成するにふさわしい人材を集め、そして彼らの多くは、軍刑法と両輪をなす明治16年8月15日（1883）施行の「陸軍治罪法」の草案編纂にも参加した後、それらの作業を通じおのおのが蓄積した知識を実務に生かすべき配置に就いていったのです。

そして、そうした「軍律取調」の中でも後の陸軍司法を背負って立つことになる井上義行については、わが国近代軍司法の歴史を理解する上でも、いささかページを割いておく必要があると思います。

現役の陸軍歩兵大尉でもあった井上は、陸軍刑法編纂が終盤に差しかかろうとする明治13年9月（1880）、他5名の歩兵中尉・大尉らとともに、陸軍省の命により、すでに決定していた陸軍戸山学校への入学を免除されます。同校は、軍歴を積んだ士官・下士官に、さまざまな規模の部隊の運用や指揮方法、地理製図や射撃など実地に即した教育をおこない、よ

陸軍戸山学校（高島信義編『日本陸海軍写真帳』史伝編纂所、明治36年、国立国会図書館）。所在地は、現在の東京都新宿区戸山。

り錬度の高い戦闘のプロを養成するために明治8年（1875）創設された教育機関です。

したがって彼らの戸山学校への進学を「免除」するというこの人事は、井上たちを本職の軍人として歩む道筋からはずし、まったく別の途へ方向転換させることを意味するにほかならないといえます。井上たちがそれを認識し是としていたのかどうか今となっては確認する手立てをもちませんが、陸軍省は、「免除」の理由として、陸軍刑法が改正された後は彼らを「裁判処（ママ）官員」に新規任用の予定であり、そのためには「軍律ハ勿論普通ノ法律ヲモ博（ひろ）ク研究」しないことには任を全うすることができない、という点を挙げます。そこからは、軍刑法制定を契機に当時の陸軍首脳が、司法制度をより充実させようとの構想をもち、それを実現するためには、法運用の実務に通じた高度な法律知識を有する「法律専門要員」の育成を企図していたことがうかがわれます。さらに、本来の軍務に服する優秀な将校が少しでも多く必要な当時の状況下にあって、軍の戦闘能力を高揚に直接寄与するわけではない部署に、たとえ少数とはいえわざわざ現役軍人から人を割き配置するという人事を目の当たりにするとき、「軍紀維持」こそ軍の戦闘能力を高める基本であり、軍司法制度の充実がいかに重要な役割を果たすかについて、建軍期の軍部指導者たちが確固たる見識を有していたとの証拠をみる思いがします。

井上義行『陸軍刑法釈義』（内外兵事新聞局、明治15年、国立国会図書館）

こうしたことと相まって井上はその期待に応え、陸軍省内を中心に法務関連の職を歴任し最終的には、明治29年5月20日（1896）、当時の官制上陸軍司法部の頂点というべき「陸軍省法務局長」の地位に登りつめます。いまや軍司法制度などという存在が見向きもされない時世を思えば、その名が時の流れの中に忘却されているのは止むを得ないかもしれませんが、彼こそ第二次大戦終了まで紆余曲折を経て整備され陸軍部内に確立される陸軍法務官官制の元祖ともいえる人物と位置づけていいと思います。松下博士は、前掲『改訂　明治軍制史論（上）』のなかで井上を、「井上義行は当時の陸軍部内の仏法学者として知られている」（538頁）と評しています。陸軍刑法制定後に、井上を編著者とした『陸軍刑法釈義』（明治15年）が刊行されていますが、同書が施行間もない陸軍刑法の解釈運用のために、関係者の大きな拠りどころとなったことは疑いないところでしょう。そうした典型的な法律解説本である逐条注釈書（各条文ごとに内容の説明を進めていく形式）が井上により手がけられたことは、まさに人と時を得たことであったと思いますし、松下博士の指摘を裏付け彼の力量を示す何よりの証拠といえましょう。千葉県大多喜に生まれ（生年不詳、没年は明治32年12月13日）徳川家譜代大名松平氏（大河内）の家中であった井上が、陸軍省の名簿にその名を見出される明治5年（1872）前後までの間、いかなる境遇のもとで、外国語や西洋法にかかわるどのような教育を受け学識の習得に努めたのか、残念ながら現時点では詳細な履歴を詳らかにすることができません。

明治前期の教育制度が整備される以前には、すでに掲げた西周や津田真道のように公費留学の機会を得て欧州に渡り、王道ともいうべきルートを通じて外国知識を身につけ新政府の要職に就く者あり、一方、明治初期の膨大な刑事裁判の処理にあたった司法省裁判官たちにみられるように、維新前には西欧とは縁の無い漢学や国学を専らにし、あるいは倒幕の志士を称し尊皇攘夷運動に参加あまつさえ刃をふるい投獄経験までもつ者が、まさに実務経験を通じ見よう見まねで任を全うする例もあることは、それぞれ当時の人材登用の自然な態様でありました。「藩閥政治」という語に尽くされる新政府トップの人事は別として、専門知識を駆使することを求められた官員の採用や昇進には、しかるべき高等教育機関が存在しておらず登用試験も制度化されていないなかで、日々起こる多岐にわたる問題への迅速かつ明快な解決が求められていたために、当初、能力主義や積極的なやる気の有無が重視されていたように感じられます。

井上が、旧陸軍刑法編纂に参加して以来、むしろ軍人としては傍系ともいうべき新生陸軍の「司法部門」に深く関わる経緯は、たまたま人事の一環でそうした部署に引き込まれた結果であったのか、自らの意思にもとづいてのものであったのかは分明ではありませんが、おそらく正規の欧米の法学教育を受けていなかったであろう井上が、フランス法や軍法会議に関わる軍刑法・軍治罪法をはじめとする各種の法に通じていくのは、自学を基礎とした刻苦勉励の積み重ねがなせる技であったでしょう。ややもすれば結果のみに着目し、要領よくベルトコンベヤー式の勉学方法によって得られた資格試験合格が、あたかも人生の「最終勝利」であるかのような風潮が見受けられる現代ですが、井上のような来し方を過ごし国家制度の一角の構築に参画貢献した人々の目にそれはいかに映るでしょうか。

■ 旧陸軍刑法と編纂関係者たちの履歴

さて一方、「軍律取調」中、岩下・肥田野・林の3人は、フランス語に通じていたことをもって近代化、特に模範とする主たる法典として「仏軍法」に焦点をあてていた陸軍の法典作業で、外国法に関する知識の供給に大いに与ったグループと位置づけられましょう。ここに掲げたフランス通ともいうべき人々の人生がいかなるものであったか、当時としては稀有な西洋知識を有した彼らが、それに値する社会的経済的厚遇を受けたのか、わが国の文明開化、西欧化への姿勢を知るという意味で興味深いものです。

まず岩下長十郎についてふれておきたいと思います。不慮の事故でわずか29年の生涯を終える彼は、幕末薩摩藩士として藩主島津久光のもと国事に辣腕を振るい、新政府でも要職を歴任して元老院議官や貴族院議員をつとめ子爵にも叙任される岩下方平の息子です。岩下は、幕末に薩摩藩の留学生として渡仏して以来、明治7年8月（1874）公費により欧州出張を命ぜられるまでの経歴からして、フランス語に堪能であったことは明らかです。すでに紹介した前掲・大久保『日本近代法の父　ボアソナアド』の中にも、明治5年（1872）司法省官員たちが司法制度研究のためフランスに派遣され、パリで初めてボアソナアドに会った時、「通訳として陸軍大尉岩下長十郎が、付けられた」との一文があり、そこからもうかがわれます（33頁）。

ちなみに岩下について筆者は、先に挙げた自著『距を踰えて　明治法制史断章』の中で「異色の陸軍刑法編纂官――岩下長十郎」と名付けた項を設け一文を呈しました（172頁以下）。そこでは、陸軍刑法完成の暁に、かつて「軍律取調」として名前を連ねたほとんどの人々が功労により恩賞に与ったにもかかわらず、その中に岩下の名前を見出すことができないため、理由を明らかにしようと試みたのです。結果、当時の新聞記事を通じ岩下が、横浜の時計商宅で開かれた夜会に招かれ、宴果てた後海に入り溺死してしまったために恩賞リストから漏れてしまったとの結論を開陳しました。さらに筆者は、大植四郎編『明治過去帳』（昭和46年　新訂初版）にみる指摘では、岩下が現在の青山霊園に葬られたとされるが、「現時点では該当する墓所を発見することができない」とも述べました。ところが、その後たまたま見たハンドルネーム「郎女（いらつめ）」さんという方のブログ「郎女迷々日録　幕末東西」（２００９年11月25日付）に、岩下をめぐる詳細な紹介があることを発見しました。そこには、若き日の岩下の写真などとともに、青山霊園に実在する彼の墓石の写真が掲載され実見談が示されています。時がだいぶ流れてしまいましたが、自らの先の卑見を訂正し、この場を借りて「郎女」さんの労に心からの敬意を表したいと思います。

ついで肥田野黙（ひだのもく）についてです。彼は、旧陸軍刑法施行後の明治19年11月（1886）に、『欧州諸国軍事裁判職権誌』（Fonctionnement de la Justice Militaire dans les différents États de l'Europe）という書の翻訳、刊行を成し遂げています。同書の原書は、「ゼグラン」（J. Gran）というフランス陸軍法務官（auditeur de brigade　翻訳語としては「旅団理訟官」）によって著され、フランス・イギリス・スイスをはじめとする欧州に存在したほとんどの国家とアメリカ・ロシアを加え22カ国の軍司法制度を歴史的沿革とともに紹介する内容で、1884年から翌年にかけて発刊されました。

肥田野は3部作中、わが国軍司法制度や軍法典を定めるための参考文献として、第二部の翻訳を担ったと推測されます。筆者も若いころにフランス留学の機会を与えられ、その際にフランス国会図書館で同原書を見る機会を得、部分的にコピーして現在も保管していますが、往時満足な辞書も無い時代にこれを翻訳して一書にまとめた肥田野の労は並大抵でなかったと思われます。「旧陸軍刑法」・「陸軍治罪法」が完成したのち後年に伝える資料として刊行されたと思われます。「欧州諸国軍事裁判職権誌」の存在からしても肥田野のフランス語能力の高さをうかがうことが可能です。先に掲げた『明治過去帳』をはじめ諸資料によれば肥田野は、日清戦争で「占領地理事」という役職に就き、明治29年11月28日（1896）に没します。官職的には、尉官待遇を出ることはなかったのではないでしょうか。

最後に、林退蔵です。彼の明らかにされている断片的な履歴の中で、注目すべきは、すでに述べたように、かつて津田真道が陸軍省で陸軍刑法の編纂準備作業をしていた際に、佐官もしくは尉官待遇に相当する陸軍省七等出仕として同地位にある志筑貞一とともに「法蘭西（ふらんす）軍法書翻訳掛」に任ぜられ、四等出仕津田の補佐的な役割に就いていた点です。こうした役を林がこなしていたとすれば、やはり林のフランス語能力ゆえの配置と考えていいのではないでしょうか。明治10年以降、彼の消息は不明です。

以上述べた内容をもとに、特殊技能者とも言うべき彼ら3人に対する陸軍部内での待遇を検証してみましょう。死去した岩下は別としても、上述の状況から判断して、肥田野や林が官歴上それほど部内で厚遇を受けたとの印象はありません。彼らの語学力や外国知識が、法典編纂作業に大いに貢献したことは疑いないにもかかわらず、後の論功行賞が、それにふさわしいものであったのかというと、いささか首を傾げざるを得ません。専門家の知見は競って求め、利用し、その間はそれなりの待遇もするが、事が成った後は必ずしも十分に報いない、との印象を強く抱かせます。

このことは、明治初期にわが国に招請され、国家組織の構築や法典制定といった社会科学をはじめ医学・建築・化学・物理などさまざまな分野で欧米の最新知識を提供した、いわゆる「お雇い外国人」といわれる人々の待遇にも共通する気がします。このことについて、筆者に関わる分野ではボアソナアドが思い出されます。

すでに紹介した大久保泰甫氏の『日本近代法の父　ボアソナアド』は、ボアソナアド研究の著作として洛陽の紙価を高らしめた一書ですが、ボアソナアド滞日の集大成とも言うべき民法典編纂に傾けた労が報いられず、明治28年3月8日（1895）、母国フランスへの帰国の途についた彼のその後について、同書には、

> 一八九六年には、かれはパリを去り、南仏の紺碧海岸（コオト・ダジュウル）にあるアンチイブに落ち着いている。同地は、彼が日本滞在中、夏に好んで行ったという江ノ島を連想させる土地である（196頁）

フランス南部の都市アンチイブ

また、

日本時代の（筆者注―夫人との）永い別居に加えて、フランス帰国後の別居。いかなる理由によるにしても、ボアソナアドは、自分の家庭さえ日本のために犠牲に供したと言えるのである（196頁）

と記した一節があります。筆者も訪れたことのある、まさに湘南を想い起こさせる白砂青松の海岸の佇まいに身を置いて、家族も顧みず明治維新後の日本の法典近代化に粉骨砕身したボアソナアドは、彼から知識を吸収し尽くした後にわが国が示した、民法典実施を延期し事実上廃する、という仕打ちをどの様な気持ちで回想していたのでしょうか。

先に述べた肥田野たちの業績への対応といい、明治政府首脳が新知識吸収にみせた貪欲さと、そのための見事なまでの割り切りや非情さの一端にふれる思いがします。

■ 旧陸軍刑法の完成

以下はいささか年表的で無味乾燥な記述になりますが（必要な記述ですが面白くありません）、「旧陸軍刑法」完成までの道筋をたどってみたいと思います。すでにふれたように普通刑法の内容がある程度確定しないことには、それを前提とする特別刑法すなわち陸軍刑法の草案作成が進展しないことはいうまでもありません。

そして、司法省から提出された刑法草案に詳細な修正をほどこし「刑法審査修正按」と名づける、かなり完成度の高い刑法草案が、「刑法草案審査局」から太政官（だじょうかん）（現在の内閣にあたる）に上進されたのは、明治12年6月15日（1879）のことでした。刑法草案審査局は、司法省の作成した草案（「日本刑法草案」と名づけられていました）をさらに政府レベルで検討修正するために政府部内に特別に設けられた機関で、西欧法を範とするわが国最初の刑法典の大要は、後にもう一度政府の諮問機関である「元老院」での議論を通じ何カ所かの修正が加えられるものの、この時期にほぼその全容をあらわしたといってかまいません。

一方明治13年2月28日（1880）、「軍律取調」は、陸軍省としての確定草案、「陸軍律刑法草案」を太政官に上呈します。この時間的な流れをみれば、普通刑法の完成度に応じて陸軍省での編纂作業が煮詰められていったことは疑いないところです。事実、今日の研究によれば、陸軍省草案に引用された普通刑法草案の条文番号や内容は、まさに、この「刑法審査修正按（あん）」のものと一致することが明らかです。

陸軍省草案の上呈を受けて太政官は、普通刑法の編纂作業と同じように、明治13年5月10日（1880）政府部内に「陸軍刑法草案審査局」を設置します。それに先立ち審査局の基幹要員として、元老院幹事であった細川潤次郎総裁をはじめ、当初10名の「陸軍刑法審査委員」が任命されました。顔ぶれをみると、フランス人法学者ボアソナアドとともに司法省刑法草案の完成を主導した鶴田皓（あきら）や名村泰蔵など普通刑法の編纂に携わった司法官僚と、先に掲げた陸軍刑法の編纂を進めた軍人がバランスよく配置されています。

実際、軍の犯罪を取り締まる法典ですから、軍の実情を熟知する軍人が草案修正作業に加わらなければならないことは当然でしょうし、一方軍刑法のよりどころとなる普通刑法との内容的整合のために、司法省からの人員参入もしごく理にかなった人事でしょう。

しかし、少し視点をかえれば、そこには、一時的に左院にとりあげられてしまったものの、立法機関としての機能を国家経営の中で独占しようと希求していた司法省の、よくいえば襟持、言い方をかえれば縄張り意識が見え隠れしないわけでもありません。つまり、明治初期の国家中枢を担った薩長閥の一員でないがために、富貴栄達が叶わなかった人々（その代表が彼の非業の死と相まって初代司法卿江藤新平であると筆者は思いますが）の寄り合い所帯ともいうべき司法省が、法を定めそれを武器として政権の一隅に存在をアピールしようと試みていたことは、多くの研究や史料を通じて示唆されているところで、ここでの審査局人事もそうした意識の一端をうかがわせるものと推測されます。さらにいえば、今日につながるわが国官僚制度にみる、省庁間の縦割り的な権限争いの萌芽を見るような気がしてなりません。

陸軍刑法草案審査局での草案の検討は、局設置とともに開始されほぼ3カ月を要して終了、明治13年8月17日（１８８０）、全2篇127条からなる「陸軍刑法審査修正案」が提出されました。

今日、そこでの審査の具体的内容を知り得る史料が何も残されていないために、委員たちの議論や個々の発言について知ることはできません。ただ、審査の対象となった先にいう陸軍省の「陸軍律刑法草案」と、今回の「陸軍審査修正案」の内容を対比することで、どの部分に修正の手が加えられたかを認識することは可能です。それによれば、まずこの時にはすでに完成し公布を待つばかりになっていた普通刑法すなわち「旧刑法」との内容的整合に多くの労力がさかれたこと、加えて陸軍刑法としての体裁を整えるため規定内容の簡潔化・合理化に意が用いられたこと、などが修正の目立つ点でありより完成度の高い草案が作り上げられていったといえます。

ちなみに、普通刑法についても、司法省提出の「日本刑法草案」と名づけられた確定草案を受け太政官は、「刑法草案審査局」という政府としての審査機関を設置し修正作業を進めましたが、その作業経緯を今日に伝える議事録といった類の史料は現存していません。刑法といい陸軍刑法といい、散逸したのか何らかの理由があって故意に破棄されたのか事情は必ずしも定かではありませんが、そうした史料を通じてわが国法典近代化のスタート点での、当代「有識者」たちの法典編纂に対する考えを知ることができないのは、残念の一語に尽きます。

さて、この後の編纂作業は普通刑法とほぼ同様の経過をたどります。当時太政官において法律制定に関するとりまとめをおこない最終的な布告実施を掌っていた法制部の意見にもとづき、「陸軍審査修正案」は、元老院の議定に付されさらなる修正論議がおこなわれることとなりました。その際、それまで軍刑法編纂に継続的に関与してきた立場から、立法主旨や各条文の具体的内容について議官への説明役を果たしたのは、司法省および陸軍省を代表するかたちで、政府委員に任命された名村泰蔵と井上義行です。ここにも、両省の省益主張の絶妙なバランスの片鱗が見え隠れするように感じられます。

■　四将軍上奏事件

いよいよ陸軍刑法の編纂も大詰めを迎えます。元老院は、ほぼ同時進行で編纂が進められていた海軍刑法との内容的な整合を斟酌しつつ、意見調整をおこない、明治14年3月18日（1881）、議論にもとづき採択された陸軍審査修正案修正意見書を上奏しました。しかしその後も関係各部署から若干の修正意見が提起され、処理に時間を要したため法典実施に向けての手続きは必ずしも速やかに進行したとは言い難い状況でした。

さらに実施に停滞が生じた最大の原因は、軍人の政治関与禁止を定める条文をめぐる議論で、そのもともとのきっかけは、同年9月12日に惹き起こされたいわゆる「四将軍上奏事件」であったとされます。本事件の詳細については、すでに掲げた松下芳男博士をはじめ多くの先学がとりあげ紹介していますが、中原英典氏（氏は、皇宮警察本部長など警察畑の要職を歴任された後、明治警察史研究者に転じ多くの堅実な業績を発表された）の「明治前期における備警兵構想について」（『明治警察史論集』昭和55年）は、特にかの事件と軍刑法条文との関連に言及するもので、多少長くなりますが引用して参考に供しておきたいと思います。

十四年九月十二日、鳥尾小弥太、谷干城、三浦梧楼の各陸軍中将、曾我祐準陸軍少将の四将官が、国憲創立、国会開設、開拓史官有物払下問題について上奏文を作り巡幸先の参議大隈

「四将軍上奏事件」左から曾我祐準、三浦梧楼、谷干城（国立国会図書館「近代日本人の肖像」）

重信に郵送し、かつ太政大臣三条に会って趣旨を述べたのだが、いわゆる四将軍上奏事件である。この事件が陸（海）軍刑法案に前述の法条（筆者注―軍人政治関与禁止条をさす）を追加挿入した原因の主なものであったのは想像に難くない。

筆者の推測は、さらに、軍主流者は該条の追加挿入の時期を慎重に窺い暫くの冷却期間を置いたのであろうというにある（75頁以下）。

すなわち中原氏のいう「法条」とは、

軍人政事ニ関スル上書建白及ヒ講談論説ヲ為シ若シクハ文書ヲ以テ之ヲ広告スル者ハ一月以上三年以下ノ軽禁錮ニ処ス

でした。現時点ではこの条文がいつの時点で草案中に付け加えられたのかを明確にすることができませんが、これまで挙げてきた各編纂段階のどの草案にも掲げられていないものであることから、中原氏が指摘するように、四将軍上奏事件のあった9月12日以降に太政官により直接案文が作られ草案中に挿入されたと考えるのが自然でしょう。こうして政府の意図のもと新たに加えられた軍人政治関与禁止条は、法典制定布告の直前に屋上屋を重ねるかのように、元老院によっておこなわれる、最終確認作業ともいうべき「検視」という手続きで、議論の俎上にのることとなります。元老院は、軍人によるいかなる政治的見解の表明も全面的に封鎖するという同条の趣旨を明確にしかつ徹底するためには、

> 軍人政事ニ関スル上書建白シ又ハ講談論説シ若シクハ文書ヲ以テ之ヲ広告スル者ハ一月以上三年以下ノ軽禁錮ニ処ス（傍点は筆者による）

と変更すべきであるとの意見を付して回答、太政官もこれを全面的に受け入れ、右にいう政治関与禁止条が確定されました。

多くの研究者が指摘するとおり、政治関与禁止条の新規挿入が、時間的に考えて「四将

軍上奏事件」を契機とした点は疑いないところで、それがきわめて迅速な立法措置であったこともまぎれもない事実です。また、すでにふれた条文内容の変遷からみて、そこでは、四将軍の上奏内容の可否が問題にされたのではなく、軍人による政治関与それ自体が重大に受け止められ、そうした行動を抑止するために立法作業が進められたと考えられます。

そして、立法理由の詳細を語る史料が発見されておらず、その本意を明らかにすることはできませんが、本条挿入は、組織を整備し軍備を拡充しつつあった軍の高級将校たちの政治的活動を法的側面から牽制しておこう、という単純な動機により拙速になされたのではなく、すでに明治11年10月12日（1878）、陸軍卿山県有朋により陸軍部内に達示されていた「軍人訓戒」にみられる

朝政ヲ是非シ憲法ヲ私議シ官省ノ布告法規ヲ譏刺スル等ノ挙動ハ軍人ノ本分ニ背致シ

という一文が示唆するように、

国家により強大な殺傷力を持つ武器を付託された軍人の本分は、常に最大限に国家意思を尊

重し、正当な命令のもとでその行使をすることにある。ゆえに彼らは、自らの政治的視野の涵養に際し、常に中立普遍の維持に努め、国家意思のもとで行動するよう厳に自戒しなければならない。万一彼らが、政権批判を目的とする具体的意思表示などに走ることは、究極的に国家国民の命運を危うくし軍人の本分に違背するものである。従って、兵・下士官・将校のいずれを問わず、国家は当事者に対し躊躇なく刑事罰を科しそれらを排除するであろう。

とでもいうべき、時の政府がすでに準備していた、軍人の政治活動に対する確固たる信念を具体化したものと位置づけられないでしょうか。

なお、松下博士は、その著『日本陸海軍騒動史』(昭和49年)に収める「第八　四将軍上奏事件(明治十四年)」のしめくくりとして、

かように軍人政治関与の弊風は、建軍早々にして最重要問題として警戒されたけれども、この風ついに廃絶されるに至らず、結局は軍部大臣制と統帥権独立を武器とする昭和軍閥によってその極に達し、陸海軍滅亡の一因となったのである。(161頁)

と述べ、「軍人政治関与の弊風」は「陸海軍滅亡の一因」と結んでいます。現役軍人が政治に嘴（くちばし）をはさむことは、すでに古今東西の歴史がくり返しわれわれに突きつけているように、軍そのものの崩壊に止まらず最終的には「国家滅亡」を招来するといわざるを得ません。本条創設を断行した当時の政府の見識を、後の時代の軍人たちはどう受け止めていたのでしょうか。

■ 旧陸軍刑法の内容

明治14年12月28日（1881）、太政官は全2編124条からなる「陸軍刑法」を布告し、翌15年1月1日（1882）をもって施行することを明示しました。欧米に範をとるわが国最初の軍刑法「旧陸軍刑法」の完成です。わが国は国軍として、明治維新後の軍制整備の中で、一時的に海兵隊を創設するなど若干の紆余曲折を経た後、結局陸軍・海軍という二軍体制を採用したので、軍刑法もまた陸軍刑法と海軍刑法が同時進行で制定・施行され、それらは別異に存在しました。

「旧陸軍刑法」・「旧海軍刑法」はともに、明治41年4月1日（1908）の新普通刑法

（現行刑法）の全面改正にあわせて構成や内容を一新し、太平洋戦争後軍法会議が廃止され効力が失われるまでの間、「陸軍刑法」および「海軍刑法」と称する新軍刑法となりました。しかし、陸軍における新旧二法を比較すると、確かに修正変更箇所は多岐にわたり、新しい規定の追加増条が顕著ですが、旧法に掲げられた罪の多くは、主旨や骨子を生かす形で残されていて、それらの条々が軍刑法に欠くことのできない必須のものであることを物語っています。このことは海軍についてもほぼ共通で、旧軍刑法が、新軍刑法の母体となったとする指摘は、誤りの無いところでしょう。

さらにここでは、軍刑法が一体どのような構成をとりいかなる内容であるかの理解を深めるために、少しページを割いておきたいと思います。

まず構成ですが、「旧陸軍刑法」第一編は、「総則」と名づけられ法全体に共通する「通則」を定めています。すでに掲げた明治15年1月1日（1882）同時施行の普通刑法（旧刑法）の総則内容を前提とし、「軍人」・「軍属」・「司令官」・「哨兵」といった軍刑法に特有の地位職名についての定義規定が列挙されるなど、必要に応じて改変や修正が加えられています。たとえば、刑罰については、生命刑（死刑）と自由刑（今でいえば懲役・禁錮にあたりますが、当時は、徒刑・流刑・懲役・禁獄・禁錮と称し、無期・有期の別や刑期の長短、服役場に差異がありました）を定めていますが、死刑は、普通刑法が「絞首」を執行方法とするのに対し、軍刑法は「銃殺」であり、また軍刑法には財産刑（罰金・科料）は存在しません。すでに海陸軍刑律のところでふれましたが、軍刑法の死刑執行方法は、この時点で「銃殺」に統一されました。

また第2編は、「重罪軽罪」として、「反乱」・「抗命」・「擅権」・「辱職」・「暴行」・「侮辱」・「違令」・「逃亡」・「詐偽」の9種類の罪を設けています。「旧海軍刑法」ではここに「焼燬毀壊」が加わり罪は10種類となります。

旧法から新法にも引き継がれていく軍刑法に必須の罪名中から、より典型的な「抗命」・「擅権」・「辱職」・「侮辱」・「逃亡」をとりあげ、「旧陸軍刑法」の条文を抜粋して紹介するとともに、内容について簡単な説明を加えておきたいと思います。

■ 抗命罪とインパール作戦

はじめに抗命罪、条文は以下のとおりです。

第66条　軍人命令ヲ下ス可キ権アル者ノ命令ニ抗シ若シクハ服従セサル者敵前ニ在テハ死刑ニ処ス

軍中若シクハ臨戦合圍ノ地ニ在テハ二年以上五年以下ノ軽禁錮ニ処シ将校ハ剝官ヲ附加ス

其他ノ地ニ在テハ二月以上二年以下ノ軽禁錮ニ処シ将校ハ剝官ヲ附加ス

第67条　軍人二人以上共ニ前条ノ罪ヲ犯ス者敵前ニ在テハ皆死刑ニ処ス

軍中若シクハ臨戦合圍ノ地ニ在テハ首魁ハ重禁獄ニ処シ其他ノ犯人ハ二年以上五年以下ノ軽禁錮ニ処シ将校ハ剝官ヲ附加ス

其他ノ地ニ在テハ首魁ハ軽禁獄ニ処シ其他ノ犯人ハ二月以上二年以下ノ軽禁錮ニ処シ将校ハ剝官ヲ附加ス

第68条　軍人暴行ヲ為スニ当リ上官之ヲ制止シ其命ニ従ハサル者ハ二月以上四年以下ノ軽禁錮ニ処シ将校ハ剝官ヲ附加ス

ある目的のもとで集団行動をするときに、それを束ねる上位者の指示に従うことが求められるのは、官庁や一般社会の組織においても決して不思議なことではありません。しかし、そこでの命令不服従は、懲戒の対象となり時には損害賠償の請求を受けることはあっても、その行為により刑事罰が科せられることは基本的にはありません。

これに対し、戦闘における命の遣り取りを含む集団行動をしなければならない軍では、命令服従は絶対的なものと位置づけられます。綿密な作戦計画にもとづいて進められる戦闘であれ、突発的でやむを得ない武器使用の場合であれ、軍人の行動のよりどころは最終的に命令にあるといわねばならず、それを担保するための規定がこれらの条文です。

すなわち軍刑法は、軍における指揮命令系統の維持がいかに重要であるかという認識に立ち、個人そして集団のいかんによらず命令不服従を、軍自体の組織体としての機能崩壊に直結するものと位置づけ、そこに行政処分の入る余地は無く、直ちに刑事罰の対象とします。特に戦闘最前線でなされた場合には極刑が科せられるとしますが、結果の重大性を鑑みての立法といえましょう。

ところで、抗命罪に関する重要な問題は、上位者の命令の拘束性、すなわちあたかも理不尽と思料される命令を抗拒できるか否かについてです。たとえば「旧陸軍刑法」を引き

継ぐ「陸軍刑法」の注釈書の一つである、陸軍法務中佐菅野保之著『陸軍刑法原論』(昭和18年)は、

下官ハ法規ノ解釈又ハ事実ノ認定ヲ異ニストノ理由ニ基キ服従ヲ拒否スルコトヲ得ズ(426頁)

さらに、

仮令無効ノ命令ト雖モ原則トシテハ之ガ服従ヲ拒否スルヲ得ズ(427頁)

としたうえで、

但シ其ノ命令ノ内容タル作為又ハ不作為ノ犯罪行為ニ該ルベキコトヲ直感的ニ感知シ得ル如キ稀有ノ場合ニ限リ之ニ対スル服行ヲ避クルコトヲ得ルニ過ギズ。此ノ限度ヲ超エテ命令ノ当不当ヲ論難スルハ絶対ニ許サザル所ナリ(427頁)

との見解を示しています。これによれば、軍という組織では、権限ある上位者の命令は、内容の如何を問わず、ほぼ全面的に服従しなければならないことになります。内容の解釈や本条自体の是非については議論のあるところですが、軍の機能を最大限に発揮するという視点からは、軍刑法に必須かつ典型的な条項でしょう。

ちなみに、かつて太平洋戦争末期の昭和19年3月（1944）、わが国大本営は、第15軍司令官牟田口廉也（むたぐちれんや）中将指揮のもとインドアッサム州首都インパール制圧を目指しいわゆる「インパール作戦」を起動しました。しかし、兵站への補給に窮し各部隊は飢餓状態に陥り、インパールを目前としながら作戦続行が不可能となったのです。15軍隷下の第15、31、33各師団長は作戦の中止および撤退を意見具申しましたが、逆に牟田口司令官は、まず15師団長山内正文および33師団長柳田元三両中将を解任、さらに司令官の命令に不服従である旨を明確に意思表示し独断で撤退を命じた31師団長佐藤幸徳中将をも解任しました。最終的に作戦は、参加人員の内ほぼ半数が戦死および餓死などによる戦病死に斃れるという多大な人的被害を生じ、想像を絶する悲惨な結末を迎え中止されるにいたりました。

「インパール作戦」ビルマ戦線（1944年3月撮影、毎日新聞社提供）

ところで、高木俊朗氏の発表する戦争記録文学中に、インパール作戦を題材にした『インパール』（1975年）をはじめ一連の著作があります。そこでは、作戦からの生存者はもちろん多方面の関係者へのきめ細かい取材や現存する諸資料の分析そして考証にもとづき、同作戦の経緯、牟田口司令官と3人の中将との確執、周辺で起きた事件が、余すところ無く緊迫感をもって描かれています。それらの中で『抗命』（1976年）と題する一書に綴られた、牟田口司令官が佐藤師団長を、抗命罪（何回かふれていますように、太平洋戦争時の現行軍刑法は「陸軍刑法」）というきわめて重い罪に問うことを企図して果たせず、同師団長は結局「不起訴」となる「くだり」は（『抗命』248頁以下）、軍司法的な視点からも大いに興味を惹きます。

そこでは、何としても中将にして師団長という高位の軍人を抗命罪に処するために、軍法会議開廷を求める第15軍司令官に対し、同軍法務部長や上級のビルマ方面軍法務部長は、当時の手続法に照らし、15軍や方面軍は将官を裁くための裁判管轄をもたず、それがために軍法会議開廷は原則的に不可能であると応えたにもかかわらず、なおかつ執拗に抗命罪適用による処断を目論む牟田口司令官を納得させるため、方面軍法務部長が自らの責任で、ほとんど成り立ち得ない拡大解釈により捜査権を行使し、佐藤中将は作戦時心神に故障をきたしていたとの理由をこじつけ「不起訴」、すなわち軍法会議を開廷しないとの結論を導き出し事態の収拾が図られた、としています。

この件をめぐっては、林茂氏も、『日本の歴史25　太平洋戦争』（2006年　改版）で、「ただひとり解任を免れた佐藤師団長は独断で退却を決定するありさまであった」（386頁）、「会見した河辺・牟田口両中将は作戦中止のハラであったのに、お互いに自分からいいださず、逆に、三度、進撃命令を決め、佐藤師団長を解任し、抗命を理由に軍法会議に付そうとした」（387頁）と指摘しています。

以上に掲げる二書では、上位者の不条理かつ拙劣な作戦指導に反した下位者を、当の上位者が恣意的に抗命罪により処断しようとした様子が、法の解釈適用とからめて生々しく示されています。本来軍紀を維持し合法的重武装集団の統制を堅持するために効果を発揮すべき抗命罪の、裏側の顔を見ることができます。

■ 擅権罪、辱職罪、侮辱罪、逃亡罪

次に擅権罪、条文は以下のとおりです。

第69条 司令官講和ノ告示若クハ命令ヲ受ケ仍ホ戦闘ノ所為ヲ止メサル者ハ死刑ニ処ス

第70条 司令官命令ニ背キ若クハ権外ニ事ニ於テ已ムコトヲ得サルノ理由ナクシテ擅ニ兵隊ヲ進退スル者ハ死刑ニ処ス

第71条 司令官擅ニ人ヲ募リ部伍ニ充ル者ハ二年以上五年以下ノ軽禁錮ニ処シ剝官ヲ附加ス

これらの条文に共通するように、擅権罪を問われる対象は、規模の大小はあるものの

一個の部隊を指揮する「司令官」です。軍が作戦行動を実施するため部隊を展開する際に、原則として各級指揮官は、必ず上級司令部の命令により行動をすることが求められ、独断専行は厳に慎まなければならないとされています。もしそうしたことが遵守されなければ、最終的には組織体としての軍の行動秩序が失われ、作戦遂行に大きな支障をもたらすからです。

そこで、本来与えられた権限をこえた指揮官の行動に規制を加えるために設けられた規定がこれらの条文です。先の抗命罪が上位者と下位者の個別的関係における絶対服従を刑罰により強制し、軍の統制を保持しようとする内容であったのに対し、ここでは、「司令官」という、もともとしかるべき権限を委任された者の越権行為を抑止することで、より高度な指揮命令系統の確保を実現しようとするものです。

ただ、混乱した戦線では、指揮官の臨機の判断により部隊を運用し、それが結果的に最善の策であったとの評価を受ける場合もあるので、第70条では、「已ムコトヲ得サルノ理由ナクシテ」という一文が付けられたと考えられます。これまた軍の統帥を確固としたものにし戦闘を勝利に導くために、軍刑法に必須かつ典型的な条項でしょう。

続いて辱職罪、条文は以下のとおりです。

第72条　要塞司令官若クハ要塞特命司令官其盡ス可キ所ヲ盡サスシテ敵ニ降リ若クハ所轄ノ地ヲ敵ニ付スル者ハ死刑ニ処ス

　堡砦ノ地ニ於テ其司令官之ヲ犯ス者亦同シ

第73条　司令官野戦ノ時ニ在テ隊兵ヲ率ヒ敵ニ降ル者ハ一月以上六月以下ノ軽禁錮ニ処シ剝官ヲ附加ス

　若シ盡ス可キ所ヲ盡サスシテ降ル者ハ死刑ニ処ス

第74条　将校敵前ニ在テ盡ス可キ所ヲ盡サスシテ遁走スル者ハ死刑ニ処ス

第75条　将校其部下ノ兵徒党犯罪ノ事アルニ当リ鎮定ノ方ヲ盡ササル者ハ三月以上三年以下ノ軽禁錮ニ処シ剝官ヲ附加ス

本罪は、命名のとおり自ら就いている職を辱める行為を処罰するための規定で、対象となるのは将校以上です。要塞をあずかる最高責任者である司令官が、最善を尽くすことなく降伏し、守備すべき地を相手方に明け渡すこと、野外戦闘で同様の状況で白旗を掲げ投降することは、軍人として最も恥辱的な行為とされ、こうした条文が設けられたと考えられます。

たとえば日露戦争の際、双方多くの死傷者を出し激戦がくり広げられ、明治37年12月5日（1904）日本側乃木希典（のぎまれすけ）陸軍大将指揮下の第三軍の総攻撃によりついに陥落した、いわゆる「二百三高地」の攻城戦を核とする旅順攻略戦で、ロシア側の要塞司令官であったステッセル陸軍中将は、最終的に降伏し捕虜となりました。後に彼はロシア本国に送還されましたが、母国において軍法会議にかけられ「死刑」とする有罪判決を受け（恩赦により釈放）、地位も名誉も失い寂しい晩年を送ったとされています。当時のロシア陸軍刑法の存否すら確認できませんが、要塞司令官がその本分を「尽サス（つくさず）」降伏開城したと判断され、それが罪に問われたと推測されます。

乃木希典（国立国会図書館「近代日本人の肖像」）

次は侮辱罪です、条文は以下のとおりです。

第93条　軍人上官ヲ罵詈若クハ侮慢スル者ハ二月以上二年以下ノ軽禁錮ニ処ス

上官ノ公務ヲ行フ時ニ於イテスル者ハ一等ヲ加フ

第94条　軍人文書図書ヲ流布シ若クハ多衆ヲ会シ演説ヲ為シテ上官ヲ誹毀スル者ハ二月以上二年以下ノ軽禁錮ニ処ス

第95条　軍人哨兵ヲ罵詈若クハ侮慢スル者ハ一月以上一年以下ノ軽禁錮ニ処ス

第96条　軍人同等若クハ下等ノ者軍務ヲ行フニ当リ之ニ対シ罵詈若クハ侮慢スル者ハ十一日以上一年以下ノ軽禁錮ニ処ス

軍は階級社会です。近年、ともすれば「お友達」関係を維持したほうが職場の人間関係がうまくいくと曲解し、上司と部下あるいは同級者間でも妙に気を遣いあい、それに乗じて暴言を吐く者に対してもできるかぎり穏便に対処することが、処世術になっているかの風潮を仄聞します。

しかし、一階級の差に委ねられた責任や裁量権が天地ほどに異なり、秩序・名誉・信頼を高く掲げて命の遣り取りをしなければならない軍においては、そうした配慮や行動は、まったく許される余地がありません。また、平時駐屯地営門に立つ「哨兵」は部隊の顔であり、戦地歩哨を務めるそれは最前線を保守する最重要任務を負っています。したがっていかなる階級に属する軍人も、天に唾をするに等しい「哨兵」への「罵詈・侮慢」の言動が許されるはずはなく、軍の尊厳を維持するために特に第95条が置かれたと思料されます。

最後に逃亡罪、条文は以下のとおりです。

第117条　軍人擅ニ職役若クハ屯営本隊ヲ離レ六日ヲ過クル者ハ逃亡ト為シ二月以上一年以下ノ軽禁錮ニ処シ将校ハ剝官ヲ付加ス新兵入営三月ニ満サル者ハ一等ヲ減ス
戦時軍中若クハ合圍ノ地ニ在テ三日ヲ過クル者ハ逃亡ト為シ六月以上二年以下ノ軽禁錮ニ処シ将校ハ剝官ヲ付加ス

第118条　軍人敵前ニ在テ擅ニ職役若クハ屯営本隊ヲ離ルヽ者ハ逃亡ト為シ二月以上一年以下ノ軽禁獄ニ処ス

第119条　軍人四人以上共ニ逃亡ノ罪ヲ犯ス者首魁ハ二年以上五年以下ノ軽禁錮ニ処シ将校ハ剝官ヲ付加ス戦時軍中若クハ合圍ノ地ニ在テハ軽禁獄ニ処シ敵前ニ在テハ死刑ニ処ス
其他ノ犯人ハ第百十七条第百十八条に照シテ処断ス

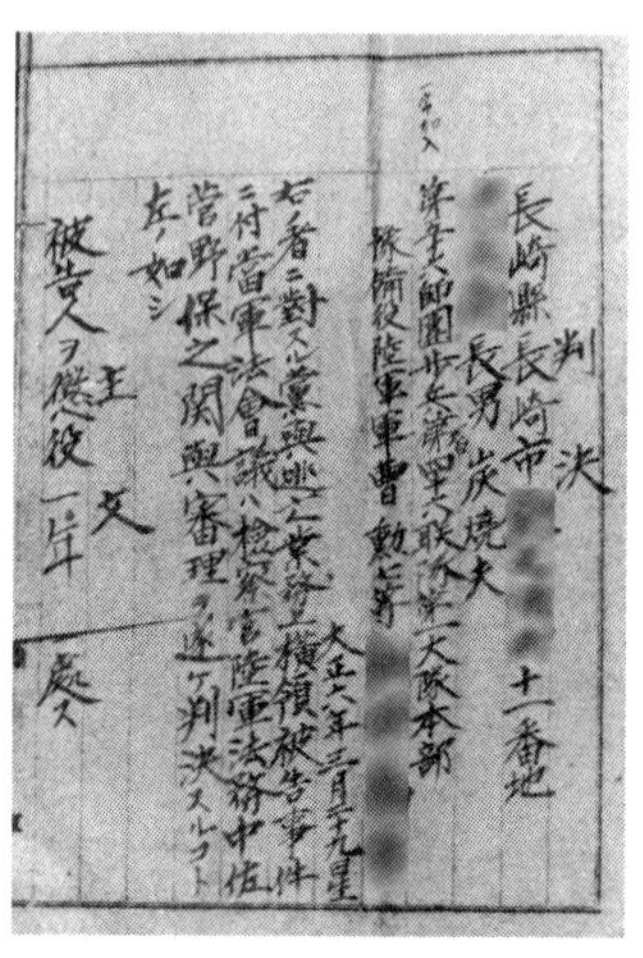
判決
長崎縣長崎市　十一番地
長男　炭焼夫
右ノ者ニ對スル黨與逃亡業務上横領被告事件ニ付當軍法會議ハ検察官陸軍法務中佐菅野保之関與審理ヲ遂ケ判決スルコト左ノ如シ
主文
被告人ヲ懲役一年ニ處ス

軍法会議・逃亡罪の判決文（撮影日不明、毎日新聞社提供）

判決文「……右の者に対する党与逃亡業務上横領被告事件に付当軍法会議は検察官陸軍法務中佐菅野保之関与審理を遂げ判決すること左の如し」
主文「被告人を懲役一年に処す」

判決文の中に先に紹介した『陸軍刑法原論』の著者、陸軍法務中佐菅野保之の名前が認められます。

第120条　軍人敵ニ奔ル者ハ死刑ニ処ス

「逃亡」の態様により階層的に刑が定められていますが、特に第120条に挙げられた「奔敵（ほんてき）逃亡罪」では、軍人が自らの任務を放棄し、故意に「敵の統制域内」に身を投ずることに対する罪責を重くみて、無条件で極刑を配したと考えられます。付言すれば、混乱した戦線、特に敗戦の際には、正規の退却命令の伝達が部隊全体に徹底されないことがまあり、個人の戦線離脱が、命令による「撤退」なのか自己決定にもとづく恣意的「逃亡」であるかの判断が極めて難しい事態が引き起こされる可能性があります。逃亡罪成立の可否をめぐり、太平洋戦争末期には、特に兵士の行動について手続的にも十全ではない軍法会議の処断により、多くの悲劇が存したことは事実です（本書130頁以下参照）。

■ 陸軍治罪法の完成

さて、実体法である軍刑法「旧陸軍刑法」は、これまで述べたように明治15年1月1日（1882）に施行されました。陸軍省は、それに歩調をあわせ現行の「鎮台営所犯罪処置条例」に替わる欧米に範をとる新手続法をできるだけ同時期に実施したいとする強い意向をもち、そのための体制整備に努めていました。

たとえば、明治15年5月1日（1882）には、陸軍省に文官待遇の法律専門職である「理事・理事補・審事・審事補・録事」の官制を定め俸給を決定し（理事と審事、理事補と審事補の官吏としての等級や俸給は同等に位置づけられていました）、さらに同年9月22日には陸軍裁判所を廃止し東京軍法会議が設置されました。一方、軍刑法編纂の際とほぼ同じメンバーが任命され、陸軍省に設けられた「軍律取調」により開始された軍治罪法の編纂作業でしたが、以後各関係部局や政府内部で、裁判の公開（傍聴）の可否、弁護人出廷の認否、上訴権の存否、など刑事裁判の根幹にかかわる問題をめぐる多様な議論や意見の対立にさらされ、作業は遅々として進まず完成は大幅に遅れました。

ようやく内容が確定し、明治16年8月4日（1883）、全6章74条からなる「陸軍治罪法」が公布されました。施行は同月15日、公布即施行にも準ずるスピードが、陸軍省のはやる気持ちを象徴しています。

なお、以上略述した編纂経緯に関しては、遠藤芳信氏の論考「1880年代における陸軍司法制度の形成と軍法会議」（『歴史學研究』第460号　1978年）や、山本政雄氏の前掲論考「旧陸海軍軍法会議法の制定経緯——立法過程からみた同法の本質に関する一考察」のなかに、詳細な考証が示されており、本書の執筆に際しても参照させていただいたことを記して感謝の気持ちを表しておきたいと思います。

■ 陸軍治罪法の特色と終戦

続いて、紆余曲折の後に完成した「陸軍治罪法」の内容的特色について、概観しておきたいと思います。

まず軍法会議の審理の対象となる者は、原則「軍人」とされ（第1条）、それは「旧陸軍刑法」が示す「将官及ヒ同等官上長官士官下士諸卒」と「軍属及ヒ陸軍所属ノ諸生徒」を指していました。しかし、「軍人ト軍人ニ非サル者ト共ニ重罪軽罪ヲ犯シタル時」や「陸軍刑法ノ罪ヲ犯シタル者ハ軍人ニ非スト雖モ」として、軍法会議が一般人や軍籍を退いた者に対しても裁判管轄権を有する場合があることを留保しています。

また、裁判の公開に関しては、

第2条　軍法会議ハ傍聴ヲ許サス但其ノ宣告ヲ為ス時ハ軍人ニ限リノヲ許ス

により審判の公開は否定されています。

軍法会議に設けられた役職は、「判士長・判士・理事・理事補・審事・審事補・録事」で（第8条）、これらのうち現役軍人から任命される判士長1名と判士3名（軍人）、理事・理事補（文官）中から1名が加わり合計5名が裁判官の任に就いて法廷を構成しました。

被告人が准士官以上の場合は、その階級に応じ軍人からなる判士長および判士の階級が変換されます。たとえば、被告人が陸軍大尉の場合は、中佐を判士長とし判士は1名の少佐と2名の大尉および理事1名をもって構成されますし、被告人が最上位の陸軍大将では、大将を判士長とし1名の大将と2名の中将および理事1名が判士となります（第9条）。

先に述べたように、官吏としては理事・理事補と同等に列せられた審事・審事補ですが、裁判官役を勤める前者とは職掌を異にし、事件に関する公判開始前の段階の捜査や取調さらに審問に従事し、録事はそれに伴う供述記録などの作成にあたりました。

さらに「陸軍治罪法」では、軍法会議の被告人が弁護人を選任することができる旨の規定や、通常の刑事裁判では認められる上訴権に関する規定は、ともに見出すことができず、いずれも否定されていたと解釈することができます。

その後「陸軍治罪法」は、明治21年10月（1888）、軍法会議検察官の設置を盛り込んだ改正を経て、大正11年4月1日（1922）「陸軍軍法会議法」と法令名を一新します（先に引用した前掲・山本「旧陸海軍軍法会議法の制定経緯」は、このときの改正作業の顛末を主題とした論考です）。内容的にも、裁判の公開、弁護人選任の認容、上訴制度の採用などいくつかの点で大きなそして画期的な改正補充がなされました。またこの時点で、陸軍高等軍法会議と各師団軍法会議は常設となりました。

昭和に入り、アジアや太平洋地域における戦線の拡大にともなって、部隊編成の変換が行われた結果、「臨時」の名称を冠した多くの軍法会議が設置されますが、昭和20年8月15日（1945）ポツダム宣言が受諾されわが国が全面降伏し軍の存在が否定されるとともに、翌21年5月18日（1946）、「陸軍軍法会議法」および「海軍軍法会議法」は廃止され軍法会議の歴史にも幕が下ります。

降伏文書に署名する重光葵外務大臣（戦艦ミズーリ艦上、1945年9月2日、Naval History and Heritage Command, U.S.A.）

戦前の、軍法会議を中心とする軍司法制度の後始末の総括的な運用記録顛末については、昭和23年9月（1948）、復員局法務調査部により「調製」された『陸軍軍法会議廃止に関する顛末書』（以後『顛末書』と呼称します）と題する公刊報告書に詳細

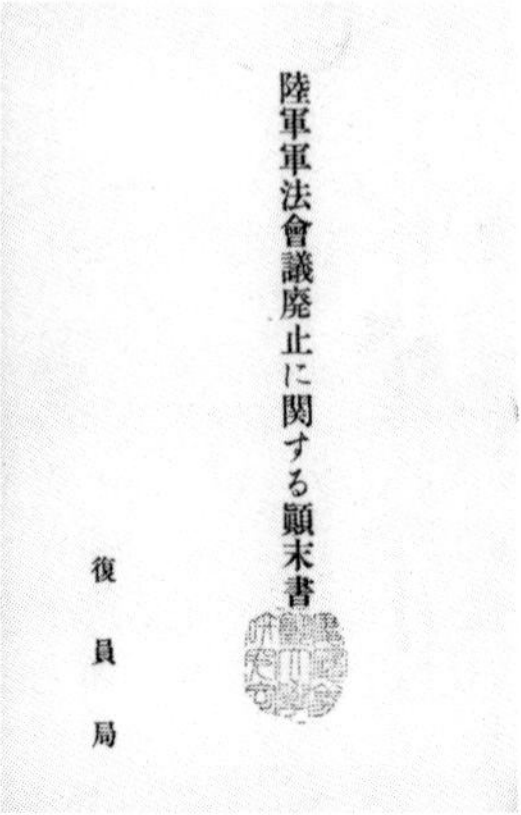

筆者が所蔵する『陸軍軍法会議廃止に関する顚末書』表紙

な記録が残されています。同書は、かつて筆者がたまたま古書店で見つけ入手したもので、いかなる経緯で流失したものかは一切わかりません。ただ大江志乃夫『戒厳令』（1978年）に、「軍事裁判制度の略沿革については、陸軍については『陸軍軍法会議廃止に関する顚末（ママ）』によるのが便利である」（62頁）という指摘がなされ、また本書冒頭に挙げたNHK取材班・北博昭『戦場の軍法会議　日本兵はなぜ処刑されたのか』では、一橋大学大学院吉田裕教授が所蔵する『顚末書』の存在を明らかにし、内容にふれる記述があります（35頁以下）。こうした状況から判断すれば、資料としては比較的流布されたものなのかもしれません。

■　これまでのまとめにかえて

富国強兵の名のもとで、わが国が明治維新後に整備増強を図った軍という集団に抱懐されていった、特異な司法制度の片鱗について述べてきました。

言うまでもないことですが、筆者は、これまで述べた内容をもって近代におけるわが国軍司法制度の総体を描きつくしたなどとは微塵も考えていません。すでに言及したように、最初の近代的軍刑法とされる「旧陸軍刑法」・「旧海軍刑法」はともに明治時代後期の普通刑法改正にあわせて内容を改め、その後も部分的な改正が重ねられていますし、手続法として制定された「陸軍治罪法」・「海軍治罪法」は、法令名をも「陸軍軍法会議法」・「海軍軍法会議法」と変更して、先に紹介した規定内容を含めた大幅な改正が施されていきます。ただそれらの詳細についての学術的な解明は、くり返しになりますが、戦後の「軍」という言葉への過剰反応とも呼応し、いいかえれば戦後の一時期「軍」という語を含むものは何もかもが「悪」であったとする風潮が席巻するなかで萎縮したためか、特筆できる進展があったとは言い難い状況といえます。これは、もちろん自戒を込めての判断です。そうしたなかで、前掲・山本「旧陸海軍軍法会議法の制定経緯」は、

軍司法制度に関する研究は活発であったとは言えず、とりわけ軍法会議制度については法学界においても戦後長らく顧みられることのなかった分野の一つである（45頁）

と指摘しつつ、軍司法制度の先行研究を丹念に検索提示し、論考作成目的を明らかにします。すなわち、

このような背景に鑑み、本稿は、管見の限りにおいて、先行研究が少ない軍法会議について考察しようとするものである（46頁）

そしてその指摘に違わず、続いて発表された「旧陸海軍軍法会議法の意義と司法権の独立――五・一五及び二・二六事件裁判に見る同法の本質に関する一考察」（『戦史研究年報』第11号　2008年）とともに、入念で緻密な考証による内容は、停滞するこの分野の研究進捗に大いに寄与する存在であると思います。興味を持たれる方には、一読をお勧めします。

筆者はここまで、一に、明治・大正・昭和と「国軍」が保持し続けた軍司法制度が、本来の目的である国軍の軍紀維持と強化に関連するのみならず、明治中期に至るまで、国際

社会における日本の名誉と独立に影を落としていた、欧米諸国との不平等条約の一日も早い解消のためにとられた「西欧化」という方策の産物の一つであったことを明らかにし、二に、国家権力の一局集中を避けるために作り上げられた「三権分立」の一翼を担う「司法権」と、軍司法制度の中核をなす司法機関としての機能を有する軍法会議を、論理的に整合させるのはなかなか難しいかもしれませんが、現存する自衛隊という重武装集団を目の前にして、その存在意義や必要性について議論・分析・検討の時が訪れた際、「ささやかなよりどころ」となるように若干の資料を提供しました。

Ⅳ 描かれた軍法会議

■「軍法会議」を体感する

第Ⅱ・Ⅲ章では、明治期の陸軍刑法の編纂を中心に、わが国軍司法制度の近代化の過程について述べてきました。しかし現代日本で現実に存在することのない軍刑法や軍法会議を実際にイメージするのはなかなか至難の技です。そこで本章では、軍法会議を舞台とし軍刑法が適用される場面を描いた、映画と小説という2つのフィクションの内容の紹介を通じて、軍司法制度への体感的アプローチを試みてみたいと思います。

『ア・フュー・グッドメン』

(『A FEW GOOD MEN』監督ロブ・ライナー、脚本アーロン・ソーキン、字幕翻訳 菊池浩二、吹替翻訳 木原たけし、１９９２年12月公開、製作会社キャッスル・ロック・エンターテインメント、配給 コロンビア映画）シナリオ本も公刊されている（アーロン・ソーキン『A FEW GOOD MEN』２０１２年４月）

最初にとりあげるのは、１９９２年に制作上映された『ア・フュー・グッドメン』という邦題の映画です。トム・クルーズ、ジャック・ニコルソン、デミ・ムーアをはじめとする当代の芸達者がそれぞれの役を見事にこなし、「軍法会議」などにまったく興味が無くても、アメリカ映画が多く題材とする「法廷もの」といわれる分野に分類される作品のなかでも、秀逸な出来ばえの一つではないかと自己評価しています。

そのことは、和田誠・川本三郎・瀬戸川猛資『今日も映画日和』（２００２年９月）の中で同映画がとりあげられ、瀬戸川氏による

『ア・フュー・グッドメン』もそうですよ。「きれい事言ってる奴が国を守れるか」っていう話。ヘンリイ・フォンダみたいなリベラル派のハリウッド人士が一番避けたかったテーマでしょう。僕はとても感動しました。ミステリとしても上出来なんだけど、これから観る人に

悪いから、どうすごいかは言わない（笑）（286頁）

という評からも、裏付けられるのではないでしょうか。

それでは、まずあらすじを紹介します。

主な舞台は、米国ワシントンD.C.に置かれている「ワシントン法務監本部」（字幕に示された「Judge Advocate General's Corps, Washington D.C.」の訳です）に設置された海軍軍法会議の法廷です。

映画の舞台ワシントン法務監本部があるワシントンD.C.のネイビー・ヤード

ドラマの一方の主人公、キューバの海兵隊基地司令官であるジェセップ大佐（ジャック・ニコルソン）は、最前線の指揮官として祖国防衛の任にあたっていることを最大の誇りとし、精強な部隊を育て上げ軍務を遂行するためには、何事をも犠牲にすることを公言してはばからない軍人です。かつてアナポリスの海軍兵学校では同期でありながら昇進競争では一歩遅れを取り、いまだに大佐の補佐役に甘んじているマシュー中佐は、大佐の考え方に懐疑的ですが、中堅幹部をはじめ部下たちの間にその姿勢はほぼ浸透していました。そのような状況のもと、基地での生活に馴染むことができず、「落伍兵」との評価を下され何かと厳しい扱いを受けていたために、他の部隊への転属を願い出ていたサンチャゴ一等兵が、同僚であるドーソン兵長とダウニー一等兵に夜間就寝中に襲われ殺されるという事件が起きました。殺人の被疑者として逮捕され、軍法会議のためにキューバより身柄を移送されてきた彼らの弁護を担当するのが、ギャロウエイ少佐（デミ・ムーア）、キャフィ中尉（トム・クルーズ）、サム中尉（ケビン・ポラック）の3人、彼らは、先にいう法務監本部に所属する法務官で、ドラマのもう一方の主人公です。

■ 米国海軍の軍事法廷

ちなみに、映画のシーンを見れば明らかなように、ドラマに登場する法務官たちは、それぞれの階級に応じた階級章を佩用(はいよう)し常に海軍士官の制服を着用しており、海軍軍人としての身分を有することがわかります。ただ、たとえば通常（すなわち戦闘行為を専らにする

米国陸軍法務監部記章（左）と海軍法務監部記章（右）

兵科）の海軍少佐であれば、2本の金筋と1本の幅の狭い金筋の上に星を抱いた階級章（袖章・肩章とも同じデザイン）を着けるのに対し、彼らのそれには、金筋の数や意匠は同じでも星とは異なる記章が付されており、それによって本来の軍務に服する軍人とは職掌を異にすることを明示しています。さて、「U.S. NAVY JUDGE ADVOCATE GENERAL'S CORPS」と名付けられたアメリカ海軍法務監部（機関名の邦語はひとまず映画に用いられたと同じ名称を援用します）のホームページを開いてみると、そこでは、組織・海軍法務官になるための応募方法や任用資格・教育・勤務先や出先機関など、その全容が余すところなく明らかにされています。さらに「About Us」（わたしたちについて）というタグを見ると「History」（歴史）という項の一節に、「JAG CORPS INSIGNIA」（部隊記章）として、右に掲げた海軍法務監部記章のデザインについて述べた箇所があります。筆者の拙い語学力で解説をすれば、記章中央に配されているのは「正義」を示す「the mill rinde」（「粉ひき場の石臼の（上石にはめた）心棒受け金」）で、それを挟んで両側に置かれた葉は「力」

を意味する「Oak leaves」（オークの木の葉）であるとの説明や、それらの由来をめぐる蘊蓄が示されています。そして映像からは、主人公の法務官達の階級章の金筋の上部に、星の代わりに置かれている記章は、まさに「the mill rinde」と「Oak leaves」であることが確認されます。

加えて、映画のなかでふれられる、ハーバードロースクール出身というキャフィ中尉の学歴、同中尉のセリフ「I'm a lawyer. And an officer of the United States Navy.」（英文表記は前掲シナリオ本によります）からも、海軍に籍を置く軍人でありかつまた法曹である彼らの「立場」がわかります。

参考までに陸軍の部隊章に関しては、米国陸軍の将校用便利帳ともいうべき『陸軍士官の手引』（Lieutenant Colonel Lawrence P. Crocker, U.S. Army (Ret.)『The Army Officer's Guide』（第43版））書中に由来を見いだすことができます。アメリカ陸軍法務監部（Judge Advocate General's Corps という機関名の邦語はひとまず海軍に用いられたと同じ名称を援用します）を紹介する一節では、「世界一大きな法律事務所」（The World's Largest Law Firm）というスローガンとともに、部隊の歴史・任務・教育について述べられ、１８９０年に作られた部隊章が、「法廷証言の記録」をシンボル化した「The crossed pen and sword」

旧海軍法務中将・軍服の階級章は、（レプリカ）写真では分かりづらいが、兵科では記章の両端が黒のラインですが、法務科は緑のラインとなります。

（交差するペンと剣）と、「達成」を意味する伝統的なシンボルである「wreath」（花冠）からなると説明されています（488頁以下）。海軍同様、陸軍法務官も身分は、「軍人」です。

以上に掲げた資料から明らかにされることですが、アメリカは軍司法制度形成のかなり早い時期から、各軍に所属する法務官を「軍人」として遇していました。ちなみに日本の旧陸海軍が、明治以来軍における法曹すなわち法務官を「文官」として任用してきたことを改め、「武官」の身分に切り替えたのは、太平洋戦争終了間際の昭和17年（1942）でした。陸軍法務部将校および海軍法務科士官が誕生し、彼らには「法務中将」を頂点とする階級が付与され、軍統帥下に組み込まれました。指揮命令系統を重視する組織の中で、軍に所属する法曹を文官とするか武官とするかは、軍司法権行使の独立性や裁量の枠組みの決定に直接関わることで、当否は別として、わが国にとって画期的な制度改革と捉えられます。

■ 不条理な命令と「抗命罪」

話を再びあらすじ紹介に戻します。2人の海兵隊員の軍法会議弁護人に任命されたものの、特にキャフィ中尉は、同じ法務官であり事件の担当検察官ロス大尉（ケビン・ベーコン）がもちかけた司法取引に応じ、事実認定などを省略し本裁判をすることなしに被告人たちの罪を認めようとするなど、あまり熱心に取り組もうとしません。ギャロウエイ少佐はキャフィ中尉にやきもきし、時には事件の扱いをめぐり衝突しますが、証拠が固められさまざまな事実関係が明らかになるなかで、中尉の態度に次第に変化があらわれます。

最大の要因は、2人の海兵隊員の殺害行為が、ジェセップ大佐の命令にもとづき、軍で禁止されていた「コードレッド（code R.）」といわれる私的制裁の発動により生じたとの疑いが濃厚になってきたことにありました。著名な法律家を父にもちながら、それまで、和解や司法取引など法廷外活動により法律事案の解決を図ることを専らとし、正面から法を駆使し裁判に立ち向かうことを避けてきたキャフィ中尉でしたが、ようやく、大佐の嘘や彼を擁護するために張りめぐらされたトリックを暴き、罪無き罪に陥れられようとしているかもしれない2人の兵士を救おうと決心するのです。

米国の通常裁判で採用されているのと同様に、ただ、軍人が陪審員を構成する点のみが異なる「陪審制」のもとで、軍法会議が開かれます。しかしキャフィ中尉たちの法廷戦術は必ずしも効を奏さず、書類の改ざんや大佐を信奉する部下の証言に助けられ、コードレッド発令のからくり解明や発令者の特定は、容易にできません。最大の危機は、大佐の指令の有無に関する証言をおこなう予定でワシントンにやって来たマシュー中佐の自殺、いよいよ証言台に立つという直前、身柄保護の担当者の目をかいくぐり、海兵隊中佐の正装に身を固めた中佐は、自ら所持する拳銃により命を絶ちます。これにより事実は完全に闇の中に葬り去られたかの感が強くなり、弁護側は絶望的な境地に立たされます。結局3人の弁護団の必死の調査活動にもかかわらず、2人の被告人の立場を有利にする何ら有効な証拠があげられないまま軍法会議は終盤を迎え、いよいよ事件の核心を握るジェセップ大佐が登場します。証人尋問を担当するのはキャフィ中尉、しかし彼にもいまだ何ら勝算は無く、実際の尋問も成果を上げず審理はまさに終了しようとしていました。

その間際、場面は突如急展開を見せます。大佐と中尉の丁々発止の遣り取り、大佐の発言の矛盾を衝いて鋭く切り込む中尉、そのシーンは、百の説明文を読むよりも本篇を見ていただくことをぜひお勧めします。くり返しになりますが、両優の迫真の演技は、筆者が観た多くの法廷もののなかでも、出色の出来ばえであるとの賞賛を惜しみません。まさにクライマックスシーンです。結局ドラマは、ジェセップ大佐の身柄が憲兵に拘束され、その責任を問うための新たな審理が開始されることを暗示して終幕を迎えます（このあたりの展開については、筆者の拙い筆力で到底伝え描くことができませんし、本章冒頭に掲げた『今日も映画日和』の中で瀬戸川氏が、「ミステリとしても上出来なんだけど、これから観る人に悪いから、どうすごいかは言わない」という示唆を諒とし詳細な言及は避けます）。

大佐が法廷を去り、本件に関するすべての審理が終了した後、評議を経て陪審員は、ドーソン兵長とダウニー一等兵に対し、「殺人罪および殺人共謀罪について無罪」、ただ2人の行為は、たとえ命令によるものであっても、海兵隊員としての倫理規定に違反するものであるとしそれについては有罪との評決を呈しました。これを受けて裁判官は、両名に「不名誉除隊（Dishonorably Discharged from the Marine Corp）」（兵役満了に伴う名誉が与えられず海兵隊員の身分を失う）との判決を下し閉廷としました。

ワシントンD.C.に身柄を移送され担当弁護人として出会った当初、司法取引により事件を簡便に収めようとしていたキャフィ中尉に強く反発していたドーソン兵長でしたが、裁判手続きが進むなかで、真摯な姿勢で殺人罪の汚名を晴らすための努力を惜しまず、ついに無罪を勝ちとってくれた中尉に、法廷終了後退室する際、心からの敬意と感謝をこめて「将校殿に敬礼」（本篇字幕より引用――There's an officer on deck. 英文表記は前掲シナリオ本）との掛け声とともに敬礼をした彼の姿が印象的です。また判決直後に、「命令に従って行動したのになぜ処分されなければならないのか」との主旨の疑問をくり返すダウニー一等兵に対し、事件に後輩を巻き込んでしまった自責の念を漂わせながらも、決然とした口調で「我々は、弱い者のために戦わねばならない」（本篇字幕より引用――We were supposed to fight for Willy. 英文表記は前掲シナリオ本）と説くドーソン兵長の言葉には、不条理な命令に下位者はどう対応すればよいのか、第Ⅲ章で「抗命罪」を紹介した際に言及した同罪の解釈適用に関わる最大の難問に対する、このドラマの作者自身の回答が反映されていると思います。

■ 軍法会議の「光」の部分

『ア・フュー・グッドメン』は、これまで述べた「あらすじ」などからも明らかなように、いわば軍法会議の「光」の部分にスポットがあてられた作品です。ただ、ここでいう「光」とは、軍法会議の存在や組織を賞賛しようというのではなく、それが有効に機能すれば、軍という一般社会とは異なる「特殊」ともいうべき集団の中で、法が目的とする「正義」の実現に大きな役割を果たすことになる、という意味です。その「光」を、『ア・フュー・グッドメン』は、法務官たちの真摯な活動と努力により、最終的には、軍法会議でなければ守られなかったであろう「正義」が実現され被告人たちの利益も可能なかぎり保護される、という構成のもとで見事に描ききっていると思います。

なお、フィクションとはいえ、筆者の知識のかぎりでは、軍法会議の法廷の様子や出演者たちが着用する制服そして階級章、裁判の進行過程をはじめとする法的な手続きなど、このドラマの内容や設定は、いずれもほぼ現実に即しレベルの高い考証にもとづいて制作されたものとうかがわれ、軍法会議の一面を論ずるための素材として、その役割を充分に果たすことができると考えます。

ここでは、もう少し詳しく、『ア・フュー・グッドメン』の提示する軍司法の「光」の部分について論じてみたいと思います。

すでに述べたようにドラマでは、ドーソン、ダウニーという2人の兵士が犯してしまった同僚殺害事件が、彼らのまったく独自の意思にもとづき「落伍兵」制裁のため私的行為としてなされたのか、それとも部隊上位者の「命令」によって惹き起こされたものなのかが、最終的な争点となります。キャフィ中尉たち弁護側は、制度としては禁止されていながら現実には黙認され部内でまかり通っている「コードレッド」と呼ばれる私的制裁により、1人の兵士の生命が失われ、実行行為に及んだ2人の兵士は殺人罪に問われていますが、事件が起きたそもそもの原因は、彼らが所属する基地の最高司令官ジェセップ大佐の命令にあり、そして命令だからこそ事の是非善悪の判断をする暇もなく犯行が実行されたと推測します。そこでは、軍における命令というものの絶対性と拘束性が鮮烈に強調され、同僚の生命に関わることであっても、命令であればそれに従うことが当然の義務であるとする、軍という集団に特有の意識の存在が浮き彫りにされています。

そしてドラマでは表立ってふれられてはいませんが、ドーソン・ダウニーの2人に、殺人という重大犯罪の責任を負わせることができるかどうかの法廷闘争の原点には、古今東西例外なく軍の統制を維持する防波堤として軍刑法に常置された「抗命罪」の存在に留意しておかなければなりません（なお、抗命罪の骨子は、ほぼ各国共通であり、ここではすでに示した旧陸軍刑法同条を参考にしていただきたいと思います）。

すなわち軍は、すでに第Ⅲ章でふれたように、重武装集団として一糸乱れぬ統率により作戦行動を展開しその力を最大限有効に発揮しなければならず、そのためには、上位者の命令は基本的に絶対であり、極論すれば、ときに命令の内容が不条理で人倫に悖（もと）り反道徳的、あるいは著しく不正義であると判断される可能性がある場合でさえ、命令が下された以上まず自己の見解は措いて服従することが要求されるのが、古今東西共通の理解です。そして近代以降の軍では、命令服従の実効性を確保するために、特別刑法である軍刑法のなかに、「犯罪」の一つとして抗命罪を設けたといえます。同条の適用に際し、先に挙げたような不条理な命令にも逆らうことはできないのかという点をめぐっては、解釈上議論のあるところですが、それさえも命令のもつ重みによって捨象されかねません（本書94頁以下参照）。

■ 軍刑法に特有の原理

さて、本ドラマに登場するドーソン・ダウニーが民間人であれば、いかなる理由があろうとも人の命を奪うという行為をすれば、刑事裁判による証拠の確定を経て、通常まちがいなく殺人罪の適用を受け重刑が科せられます（事案によっては、緊急避難や正当防衛、嘱託殺人罪や自殺関与罪が認定されて刑が免除減軽されることがあるかもしれませんが）。そこではそれがすべての結末であり、さらなる展開はありません。『ア・フュー・グッドメン』では舞台が軍であるからこそ、命令の絶対性を保持する目的で設けられた抗命罪の存在を背景に、ドーソン・ダウニーという兵隊たちが、命令への絶対服従を最優先として内容の是非に思いを致すことなく犯した殺害行為に対し、一般社会での司法判断とは異なる「殺人については無罪」という結論が導き出されたのです。

くり返しになりますが、命令の絶対性と抗命罪を視野に入れ、犯罪行為の責任を第一義的に問われるのは、命令を下した命令権者であり、それに従った実行行為者の法的責任の追及は、あくまでも二次的なものという軍刑法特有の原理が適用されたからです。そう述べれば、人命尊重を最大の正義であるとする現代社会において、命の重みを何と考えているのか、国防の任にあたる軍であれば何をしても許されるのか、殺人は殺人であろう、下位者の責任も当然に厳しく問われるべきだ、など非難の矢玉が飛んでくることは十分承知しています。そしてもちろん筆者は、いかなる事情によるものであれ、殺人を合理化し正当化するつもりはさらさらありません。

しかし、一見一般社会で惹き起こされたと同様の犯罪行為であっても、たとえばこのドラマの舞台のように生命をかけて従軍しいつ不測の事態に出会うかもしれない最前線や、戦場という現実に生命の遣り取りをしなければならない戦闘の渦中に放り出された時など、日常の価値判断の通用しない環境での活動を余儀なくされる軍において、事案にもよりますが、一般社会と同一の尺度を用いての司法的処理をすることが、かえって正義を損なう結果を招くことになりはしないかと考えます。それを避けるためには、現実に軍務に従事する職業軍人と、軍務の特殊性に通じた法律実務家である法務官とが、それぞれの経験と知識を提供しつつ、正確な事実認定にもとづき、迅速、的確さらに論理的な判断を下し、事態の収拾と集団の崩壊を食い止めることが必須でしょう。そこに特殊な専門司法機関、軍法会議の必要性が求められる余地がないでしょうか。

そうした視点から、『ア・フュー・グッドメン』に登場する弁護人に任命された法務官たちは、ジェセップ大佐による私的制裁すなわち「コードレッド」発令の事実を立証し被告人の立場の擁護に奔走することを通じて、軍法会議の存在意義や果たす役割の重要性をわれわれに訴えかけます。まさに軍法会議の「光」にあたる部分を十二分に描き出した作品といえます。

結城昌治『軍旗はためく下に』

（昭和45年7月　中央公論社）

次に紹介する、結城昌治『軍旗はためく下に』は、「敵前逃亡・奔敵」、「従軍免脱」、「司令官逃避」、「敵前党与逃亡」、「上官殺害」と題する5編の小説を収録する単行書です。時代は、わが国が大陸や太平洋で戦争に突入していった昭和上半期、内容は、帝国陸軍の各戦線における軍法会議および軍刑法にまつわる話です。各編とも冒頭に、作品に関連する軍刑法条文が当時の現行「陸軍刑法」から引用されています。

結城氏は「あとがき」で、

> 本篇は「中央公論」（昭和四十四年十一月～同四十五年四月号）に連載されたものに若干の筆を加えた。素材となった事件は存在するが、あくまでもフィクションとして書いたので、誤解を避けるため架空の地名を随所に用いている。

と述べ、ただここに掲げられた5つの物語は、現実に起きた事案をとりあげ小説仕立てにしたものであるとし、また執筆の動機については、以下のように記しています。

> 私は昭和二十七年のいわゆる講和恩赦の際、恩赦事務に携わる機会があって膨大な件数にの

ぼる軍法会議の記録を読み、そのとき初めて知った軍隊の暗い部分が脳裡に焼きついていた。それと、私自身戦争末期に海軍を志願してほんの短期間ながら軍隊生活を経験したことが執筆の動機になっている。取材に当たって痛感したことは、戦争の傷痕がまだまだ多くの人の胸に疼いており、国家がその責務を顧みないでいることである。

こうした著者の意向をふまえあらためて全編を読みなおしてみると、『軍旗はためく下に』が、右に述べられたように、フィクションとはいえ決して荒唐無稽な「創作」ではないこと、しかも『ア・フュー・グッドメン』が描く軍法会議の煌めくような存在感や職務に邁進し正義の実現を目指す法務官の活躍とは対照的な、軍法会議の「闇」ともいうべき部分に言及する作品であること、が認識されます。

そこで、本書に収録する作品の紹介を通じ、前節の映画とは異なる、軍法会議のもつもう一つの顔にアプローチしてみることとしました。5作ともに大変な力作で、本来であれば個々の作品を順に紹介し論を進めていきたいのですが、個別にあまり饒舌な説明を重ねるよりも、むしろ紹介すべき作品を2点ほどに絞り込むことのほうが、読者への意思伝達に有効ではないかと判断し、軍法会議の実状に関する記述がより多く見られる「従軍免脱」（57〜98頁）、「敵前党与逃亡」（139〜240頁）をとりあげることとしました。

■ 軍法会議の「闇」の部分

すでにふれたことですが、『軍旗はためく下に』では、どの作品も冒頭に、各作品名となった当時の陸軍刑法条文を掲げ物語が始まります。「従軍免脱」でも、詐病を申し立てあるいは自ら身体の一部を傷つけて軍務から逃避しようとする行為を処罰する同法第55条「従軍免脱罪」、

第55条　従軍ヲ免シ又ハ危険ナル勤務ヲ避クル目的ヲ以テ疾病ヲ作為シ、身体ヲ毀傷シ其ノ他詐偽ヲ為シタル者ハ左ノ区別ニ従テ処断ス。

一　敵前ナルトキハ首魁ハ死刑又ハ無期若ハ五年以上ノ懲役ニ処ス。（以下省略）

が示されています。

本作品は、ビルマ戦線で一人の下士官（作品中では矢部伍長）が、「連隊長、大隊長以下将校たちの紊乱した様子を、血書にしたためて師団長に直訴」（84頁）した際、血書を作成するために右の薬指を切ったことをもって、従軍免脱罪に問われ軍法会議にかけられた背景や経緯を描いたものです。矢部と親しかった戦友へのインタビューや、その本人の独白などを組み合わせて話は進展していきます。矢部伍長の行動は、「直訴の方は無視されて、（筆者注—指を自ら切ったことが）従軍免脱のつもりだ」（84頁）とみなされ、結局彼は軍法会議により死刑を言い渡され猶予なく刑死します。

ここでは、最前線で死に物狂いの戦闘に従事し次々と生命を失っていく人々を尻目に、身に危険の迫らない後方で、豊かな物資をピンハネし怠惰な日々を送る高級将校たちが、自らに向けられた非難をかわし自己保身に走るために軍法会議を利用した現実が暴かれます。たとえば、

外地の軍法会議では弁護士もつかないし、控訴権もありません。法廷にでた矢部さんは、青い顔をして、ひとことも口をきかなかったそうです。（85頁）

あるいは、

もし師団長も似たり寄ったりでろくなことをしていなかったとすれば、連隊長を処罰する資格などありません。下手に問題を大きくしたら、自分の足もとに火がつきかねない。だから裁判を急がせ、死刑にしてしまったということも考えられます。（85頁）

とする記述からは、軍法会議が、近代社会の判断基準と対比して救いようのない司法制度であり、軍紀維持という本来の任務とはまったく正反対の役割を果たすことに加担していた状況が汲み取れます。そこでは、本来最も厳格に認識され厳守されなければならない手続上の懇切さはある程度犠牲にしても、緊急即決を重視し、軍の作戦行動の確実性と機動性を維持する、という戦時における軍法会議の特殊性を逆手にとって、まさにあってはならない軍司法の「闇」が浮き彫りにされています。

■ 敵前逃亡と軍法会議の「闇」

二番目に選択した「敵前党与逃亡」では、一人の下士官（作品中では馬淵軍曹）が、「昭和二十年八月十日、バースランド島ブマイという地において敵前党与逃亡罪により死刑」に処せられた事案をとりあげ、軍曹の遺族が終戦後「遺族年金」や「遺族弔慰金」を請求したところ政府により、その「死亡事由」（筆者注―軍刑法による死刑）を理由に「却下」されたことを背景として物語が始まります。

作品では、却下処分により金銭的給付が受けられないことへの不服はもちろん、何よりも、犯罪者の烙印を押されて刑死した軍曹の名誉回復を願う遺族の立場を汲み、戦友会の世話役を務める主人公が、関係者の「つて」をたどり、事実の究明に尽力する姿が描かれています。

すなわち、馬淵軍曹が、当時の陸軍刑法第70条「敵前党与逃亡罪」、

第70条　党与シテ故ナク職役ヲ離レ又ハ職役ニ就カサル者ハ左ノ区別ニ従テ処断ス。

一　敵前ナルトキハ首魁ハ死刑又ハ無期ノ懲役若ハ禁錮ニ処シテ其ノ他ノ者ハ死刑、無期若ハ七年以上ノ懲役又ハ禁錮ニ処ス。（以下省略）

に定められた「2人以上の軍人が意思を通じて軍務を離脱する罪」を本当に犯したのか、また間違いなくその罪状により軍法会議にかけられ銃殺されたのか、の2点の疑問を、軍の解体、復員を経て戦後さまざまな生活を営む関係者へのインタビューを通じて解明しようとします。

その対象は、彼が所属した部隊の同僚や、部隊長、関係地域を管轄していた軍法会議の判士長や判士、検察官、死刑を実際に執行する任にあたる憲兵隊長や部下の憲兵にも及びます。しかし、それぞれの記憶に誤解、忘却、歪曲、不知などがあり、主人公の懸命の努力にもかかわらず、真実の解明からはほど遠い距離をおいたまま物語は終焉を迎えます。しかしながら、目的を果たすことのできなかった結果は結果として、関係者へのインタビューが、日本陸軍が敗走に敗走を重ねる過程で見せた、前線での軍法会議対象事案への対処の惨状を強く印象づける役割を果たした事実は否定できません。

作中主人公の、「しかし、軍法会議を開かずに、憲兵が勝手に処刑することができます

か。」との問いに対する、連隊本部で事務を担当していた書記（陸軍伍長）の、

よく知りませんが、異常な場合だから、できたんじゃないでしょうか。わたしの考えでは他の部隊の者が射殺し、あとで憲兵隊に事情を説明して、諒解を得たのではないかと思います。戦争末期は、いちいち軍法会議をひらかなかったということも聞いています。（160頁）

という回答、軍法会議検察官の任にあった陸軍大尉の、

事件が発生したと分かってもその全部を軍法会議に送致させるわけにゆかず、とにかく戦争の末期はどうにも手のつけようがなかったというのが実情です。だから、終戦直前の頃は全然軍法会議をひらいていない。（165頁）

さらに、

陸軍刑法とか軍法会議とかいうのは軍規が厳正に保たれている場合のことで、戦線が緊迫し

ているときに、どうせ死刑にする者をいちいち軍法会議にかける必要はない。（165頁）

という発言や馬淵軍曹と同じ部隊に在籍した陸軍主計中尉の、

前線では連隊長や大隊長、中隊長にも司法権があります。したがって、軍法会議を経ないで処刑された者がいてもおかしくない。（193頁）

との話など、いずれも太平洋戦争末期の最前線、将兵誰もが生き延びることを最優先に行動する状況下で、法に従った適正な手続きにもとづく司法処理がとられなかったことを証言する内容です。

今日までに刊行あるいは開示された多くの文献を通じて知るそうした時期の軍の、指揮命令系統の混乱や兵站補給の途絶に思いを馳せれば、特に最前線では、フィクションとはいえここに語られた内容が、軍法会議の「闇」を抉り出し、一面の真実を明らかにした記述であることはまちがいないと思われます。すなわちそこでは、厳正な軍紀の維持に寄与し軍の綱紀粛正をはかるという本来の役割や目的を失い完全に形骸化しながらも、軍刑法や軍法会議が、上級者の恣意的な身分保全や落伍者の排除のための道具として利用されていた現実が指摘されています。

軍刑法や軍法会議という言葉が、今日ですら人々に暗黒裁判をイメージさせ法による正義の達成とは程遠い制度として捉えられてきた要因の一部は、ここで紹介した「従軍免脱」や「敵前党与逃亡」に描かれたようなシーンをまさに「現実」として体験した兵士らが、終戦後自らの見聞を語り継ぎ、それが次第に国民に広く伝播し意識の中に浸透沈着していったことにあるのかもしれません。

■軍法会議はすべて「闇」に覆われていたのか

今回はとりあげることのない他の3編の結城作品もふくめ、本書に共通して描かれた、軍司法制度の崩壊をも意味する「闇」が、昭和期にはいり国外への戦線がゴムのように伸びきっていく中で、軍司法全体を覆っていた現象なのでしょうか。

先に挙げた『陸軍軍法会議廃止に関する顛末書』には、官側の資料にもとづくものとはいえ、太平洋戦争時を中心とする、軍法会議の具体的活動状況を示す複数の統計が掲げられています。

たとえばそのなかで、①「陸軍軍法会議処刑人員聚年比較表」（大正４年～昭和19年11月）、②「自昭和一七、至昭和一九、一一間陸軍軍法会議処刑罪数表」、③「外地軍法会議開設以来処刑者数調」（これら統計資料名の冒頭に冠した番号は、以後の説明の便宜のために筆者が付しました）をとりあげ、終焉期における軍法会議の実状を数値的な面から垣間見てみたいと思います。

ただしこれは、結城作品や前掲『戦場の軍法会議　日本兵はなぜ処刑されたのか』への批判を試みたり内容の真偽を検証することを目的としたものではなく、これらが投げかけた指摘に触発され、筆者がたまたま所蔵する資料を提示し、今後の考察の参考に供しておきたいとの意に駆られた結果であることをお断りしておきます。

①から③の各統計については、『顚末書』に簡略な分析が示されており（24～25頁）、ここでもその内容を踏襲して若干の解説を付しました。

まず①統計（本書142～143頁掲載）の主旨は、「本表処刑人員は、常設軍法会議及特設軍法会議に於て処刑したる軍人、軍属、常人等である。」との付記から明らかにされます。す

別紙第二十三

陸軍軍法会議処刑人員累年比較表

年次	処刑人員	比較
大正四年	一、三八七	
大正五年	一、二三五	
大正六年	一、三六〇	
大正七年	一、三七九	
大正八年	一、五三二	
大正九年	一、二五九	
大正十年	一、三三九	
大正十一年	一、〇九八	
大正十二年	九四九	
大正十三年	九五七	
大正十四年	八七四	
大正十五年	八二五	
昭和二年	七五六	
昭和三年	七二二	
昭和四年	六八二	
昭和五年	五四七	
昭和六年	五〇四	
昭和七年	四三四	
昭和八年	五六一	

①**統計**「陸軍軍法会議処刑人員累年比較表」(大正4年～昭和19年)(『顛末書』53頁)

年	人員
昭和九年	六一一
昭和十年	五二八
昭和十一年	五八九
昭和十二年	七九〇
昭和十三年	二、一九七
昭和十四年	二、九三三
昭和十五年	三、一一九
昭和十六年	三、三〇四
昭和十七年	四、八六八
昭和十八年	四、九七六
昭和十九年自一月至十一月	五、五八六

備考　本表處刑人員は常設軍法会議及特設軍法会議に於て處刑したる軍人、軍属、常人等である。

なわち、軍法会議が裁判管轄をもつ刑事事件で、有罪判決を下された人員数を一覧表にしたものです。

『顚末書』は、表が示す処刑人員の3回の波について、1000人台で推移する大正4年から同11年まで（1915～1922）を「第一次世界大戦参加期間」、1000人未満に減少する大正12年から昭和12年まで（1923～1937）を「軍備縮少（ママ）並に平和期間」と位置づける一方、昭和13年から19年にかけて（1938～1944）処刑者数が最終的に5000人台を数える理由を「日華事変以降今次戦争に至り軍の増設に伴い犯罪者も又多く」と指摘しています。


また②統計（本書145～146頁掲載）は、太平洋戦争に突入し戦局が次第に厳しさを増す昭和17年から同19年（1942～1944）のほぼ3年間にわたり、軍法会議が言い渡した延べの処刑罪数を明らかにしています。①と異なり人員数でないことに留意する必要があります。

『顚末書』は、処刑罪数総計22253罪、内訳的には、窃盗罪3622罪（16％）を最多とし、逃亡罪2842罪（12％強）そして横領罪1734罪（8％弱）が続き、

自昭一七、至昭一九、一一間陸軍軍法会議処刑罪数表

罪名＼年別	昭一七	昭一八	昭一九（十一月迄）	計
窃盗戦時窃盗	一、一八三	一、二一四	一、二二五	三、六二二
逃亡	八三九	八九五	一、一〇八	二、八四二
横領	五七九	五七七	五七八	一、七三四
賭博	三七四	四〇九	四八九	一、二七二
詐欺恐喝	四五八	四一一	四二七	一、二九六
上官暴行脅迫傷害侮辱	三五四	四一五	四一一	一、一八〇
過失致死傷	一九八	三二六	三六九	八九三
軍用物損壊	三三〇	三一八	三五五	一、〇〇三
傷害同致死	三六〇	三三三	三二一	一、〇一四
掠奪	二五九	二〇六	一七九	六四四
文書偽造行使	二二六	二二三	一七五	六二四
収賄	九四	一一〇	一七〇	三七四
贓物収受等	一五四	一四一	一五三	四四八
軍機保護法違反	五一	九四	一二六	二七一
哨令違犯	一六一	一二七	一一八	四〇六
徒党	二八	二〇	一一二	一六〇
戦地強姦	一二五	九一	一〇三	三一九
失火	六九	七三	一〇二	二四四
勤務離脱	一二〇	一二八	九九	三四七

②統計「自昭和 17、至昭和 19、11 間陸軍軍法会議処刑罪数表」（『顚末書』55 頁）

住居侵入戦時住居侵入	七七	六六	九七	二四〇
哨令違反	七二	八三	九〇	二四五
多数暴行脅迫	一六	九	六二	八七
賭博	三六	三五	五〇	一二一
従軍逃亡	六九	六一	四九	一七九
抗命	四〇	六四	三九	一四三
強姦	一〇九	二三	二七	五九
強盗戦時強盗	三二	二一	二六	七九
奔敵	一五	二九	二四	六八
哨兵守地離脱	四四	二九	二二	九五
殺人	五	四四	二一	一一〇
兵役法施行規則違反	一一	八	二〇	三九
哨兵睡眠(昭和)	二二	三〇	一八	七〇
虚偽報告	四一	一五	一六	七二
治安維持法違反	八	五	一四	二七
上官殺	六	六	九	二一
不敬	三	三	七	一三
哨兵衛兵発砲	一〇	六	五	二一
其ノ他	四二六	五六七	七七八	一、七七一
計	七、〇四四	七、二一五	七、九九四	二二、二五三
備考	昭和二十年度分資料ナキニ付計上セズ			

「処刑人員と罪数の比率は一人約1.5罪」であると指摘します。

さらに③統計（本書148～151頁掲載）は、中国、太平洋地域など戦線の拡大にともない新たな部隊編成が進められ多くが国外へ派遣されていったが、それにともなう各級部隊に付設された軍法会議により処刑された人員数をまとめたものです。

「備考」欄には、本表が、太平洋戦争後に残務整理のために設けられた「復員局」が保管する「各軍軍法会議判決写」を原資料として作成されたものですが、当写中には、「戦争中輸送途中事故及終戦時ノ焼失等ニヨリ到着シナカツタモノ」があり「多少正確ヲ欠ク」こと、また表中に示された、「軍」は陸軍刑法、「併」は陸軍刑法と他の刑罰法令の併合罪、「一般」は陸軍刑法を除く他の刑罰法令により、それぞれ処刑されたことを意味する、との注記があります。

『顚末書』には、特に分析的な記述はなく表に掲げられた数値を復誦するに止まっています。

別紙第二十九

外地軍法会議開設以来處刑者調

軍法会議＼区分	所在地	軍	属	一般	計	摘要
支那ノ部						
支那派遣軍臨時軍法会議	中支	六八	三八	二八八	三九四	
北支那方面軍 〃	北支	五七六	二三二	七八五	一、五九三	
駐蒙軍 〃	北支	一九八	二六	三八二	六〇六	
香港占領地総督部 〃	南支	五〇	一七	一五五	二二二	
第二十三軍（第二十二、二十三軍南支方面軍ヲ含ム）	南支	三三九	一八三	五五二	一、〇七四	
第六方面軍 〃	中支	六一	三九	八、七	一八七	
第一軍 〃	北支	三六一	一七六	五〇三	一、〇四〇	
第六軍 〃	中支	一四二	四八	一六七	三五七	
第十一軍 〃	中支	一八一	三二	九二	三〇五	
第十二軍 〃	北支	三〇二	八二	四七七	八六一	
第十三軍 〃	中支	七三〇	三五一	一、二六八	二、三四九	
第二十軍 〃	中支	一八六	八三	二二六	四九五	
第三十四軍 〃	中支	一七三	七三	一二二	三六八	

五九

③統計「外地軍法会議開設以来処刑者数調」（『顚末書』59～62頁）

第四十三軍 〃	北支	三六	六	四二	八四	
台湾軍 〃	台北	二八〇	一〇八	五七六	九六四	但し大正十五年以降
南方、満洲ノ部						
南方軍臨時軍法会議	佛印	一二一	四四	一七四	三三九	
緬甸方面軍 〃	緬甸	四八	二〇	九五	一六三	
第三航空軍 〃	昭南島	四〇	一一	六〇	一一一	△
第四航空軍 〃	ラバウル・台湾	二	五	六	一三	△
第二軍 〃	満洲→南方	六二	七七	七八	二一七	但し昭和二十年以降
第十四方面軍（第十四軍ヲ含ム） 〃	比島	一三〇	八〇	三九一	六〇一	△
第十五軍 〃	緬甸	一七四	三二	八六	二九二	
第十六軍 〃	ジャワ	七六	二七	一〇六	二〇九	△
第十八軍 〃	濠北	一二	四	三五	五二	△
第二十九軍 〃	マライ	二七	一一	三四	七二	
第三十一軍 〃	中部太平洋	一		一	二	△
第三十二軍 〃	琉球	二一	七	二〇	四八	
第三十五軍 〃	比島	一	一	六	八	
第三十七軍 〃	ボルネオ	九	二	三五	四六	△
第三十八軍 〃	佛印	七八	四八	九三	二一九	

第十八方面軍（泰国駐屯軍ヲ含ム） 〃	泰国	一九五	六八	一四六	四〇九	
第七方面軍 〃	昭南島	四八	二四	四〇	一一二	
第八方面軍 〃	ラバウル	六六	一六	八四	一六六	
第二十八軍 〃	緬甸	二八		三九	六七	
第三十三軍 〃	緬甸	一三	一〇	六	二九	
第二十五軍 〃	スマトラ	九七	四五	一三〇	二七二	
第十九軍 〃	濠北	三		一	四	但し昭和十九年度分ノミ
第一方面軍 〃	満洲	二七	二四	七五	一二六	
第三軍 〃	満洲	一八二	七四	四七八	七三四	
第四軍 〃	満洲	一二九	一一二	五七七	八一八	
第五軍 〃	満洲	一三四	七九	四二三	六三六	
関東軍 〃	満洲	六九二	二一三	一、七一八	二、六二三	但し昭和十二年以降
関東防衛軍 〃	満洲	五一	五一	二一三	三一五	
機甲軍 〃	満洲	一六	三	二二	四一	
第三方面軍 〃	満洲	二四	九	六二	九五	
合計		六一八〇	二六〇一	一〇、九五六	一九、七三七	

備考

一、本表ハ復員局保管ノ各軍軍法会議判決簿ヲ資料トシテ作成シタモノ

六二

デアルガ該判決篇中脱漏（戦争中輸送途中事故及終戦時ノ焼失等ニ
ヨリ陸軍省ニ到着シナカツタモノ）アリテ多少正確ヲ缺クモノアリ
二、本表区分中
「軍」ハ陸軍刑法ニヨル處刑者
「併」ハ陸軍刑法ト他ノ刑罰法令ノ併合罪ニヨル處刑者
「一般」ハ陸軍刑法ヲ除ク他ノ刑罰法令ニヨル處刑者
三、摘要欄中　△印ハ昭和二十年度以降ノ資料ナイ為其分ノミ含マレテ
イナイモノ

さて、軍法会議廃止後の残務整理に関する公式記録ともいうべき『顚末書』によれば、昭和20年8月15日（1945）わが国の敗北により太平洋戦争が終結し軍が解体される過程で、国内設置の軍法会議は、同年11月末に廃止され、その権能は翌12月1日に「復員裁判所」と命名の司法機関に受け継がれます。復員裁判所も昭和21年4月18日（1946）には廃止されますが、外地に設けられた、③統計にみる軍法会議は、軍紀維持のため各部隊の復員が完結するまで存続しています。しかしそれも、新憲法施行により「特別裁判

所」の存在が否定されたため、昭和22年5月17日（１９４７）に姿を消します（18頁）。

■軍法会議の「闇」を許さず

こうした経緯をふまえ併せて①・②・③の統計に目を投じるとき、太平洋戦争を通じて国内外の各地に設置された軍法会議は、日本国憲法により存続が絶たれるその時まで、軍内部あるいは派遣地域で惹き起こされた刑事事案の処理に従事し、軍紀維持の任を果たしていた状況がうかがわれます。

ただ、主に外地においては、各部隊が直面した戦闘の苛烈さの度合い、派遣された地域、部隊指揮官の意識や理念により、軍司法制度のあり方に大きな「格差」が生じていたことも事実として受け入れなければなりません。これまさに、結城作品が描き、前掲『戦場の軍法会議　日本兵はなぜ処刑されたのか』が明らかにすることを目的とした軍法会議の「闇」に他ならないでしょう。銃弾の飛び交う戦場において、法務官はともかく、一般軍人から選任される判士長・判士を手当てし証拠の保全や証人の証言の真偽を確認しながら適正手続きにより審理を進めることは、限りなく不可能に近いことと考えます。自らを関係者としてその場に置いたとしても、果たして法が定めるとおりの、司法処理を遂行できるかどうか、正直なところ確信をもち得ません。

しかしそれでも、一般論ではありますが、筆者は、もし軍司法制度が存在するのであれば、人間の尊厳にかかわり国家の名誉を左右しかねないその運用に、格差や運不運があること自体絶対に容認するところではありませんし、いかなる状況や理由があろうとも、「闇」の存在を合理化することはできないと思います。

筆者の拙い筆力で、本書にとりあげた2つの素材から、読者の皆さんに現代日本に存在しない軍法会議へのイメージをどれほどお伝えできたか心もとないかぎりですが、これらの作品にぜひ直接ふれてみてほしいと思います。

筆者は20代の後半に、大学から与えられた留学制度のもとで渡仏した際、紹介を受けてベルギーの最高裁判所に付設された軍法会議（おそらく高等軍法会議）を訪ね所属の法務官と面談する機会を得ました。非常に懇切な対応で不自由な筆者の言語力による質疑にも篤実に回答し、最後には当日予定されていた軍法会議の傍聴を許してくれました。もはや記憶が定かではありませんが、被告人は窃盗罪（あるいは物資の横領だったかもしれませ

筆者が訪問したベルギーの最高裁判所に付設された軍法会議の法務官の軍服（1979年11月撮影）

ん）に問われた下士官で、判決公判であったためわずかの時間で終了しましたが、大変に峻厳な法廷の雰囲気が未だに強く印象に残っています。

もちろん通常裁判が緊張感に欠けるという意味ではありませんが、筆者を案内してくれた法務官をはじめ関係者の全員が軍服に身を包み、各人のめりはりの利いたきびきびした動作がそうした感を余計強く助長したのかもしれません。わが国が軍法会議を設置していないことを思えば、武器を手にしそれを用いることを許された「軍人」という身分に対する特別な位置づけを体感できた、本当に貴重な経験であったと思います。

V 軍法会議のない軍隊

■ 日本国憲法と「自衛隊」

本書冒頭で述べたように、「軍刑法」や「軍法会議」という言葉が、日本の国内で、ほぼ「死語」同然になって半世紀以上の歳月が経とうとしています。軍刑法がどのような内容を定めた法典なのか、軍法会議が、具体的に何をするところなのか、国家体制の中でどのような存在意義をもつのか、などという認識や議論はまったく見直されないまま忘れ去られ、歴史の中に埋もれていく可能性は、かなり高いと言わざるを得ません。まして、軍紀を維持し軍事行動の的確さを担保するため、「軍」に特有の犯罪を処断することを目的として定められた特別刑法（「軍刑法」）を適用し、迅速・峻厳を旨に通常の刑事裁判とは異なる手続きのもとで運用される軍法会議の復活は、少なくとも現状ではまずないのかもしれません。

しかし、今日かなりの現実味を帯びて、何かと世情を騒がせている問題として、憲法改正の論議があります。その中心の一つが、以下に示した日本国憲法第9条と、「自衛隊」

の存在をどのように位置づけるのか、という問題です。

第9条　①日本国民は、正義と秩序を基調とする国際平和を誠実に希求し、国権の発動たる戦争と、武力による威嚇又は武力の行使は、国際紛争を解決する手段としては、永久にこれを放棄する。

②前項の目的を達するため、陸海空軍その他の戦力は、これを保持しない。国の交戦権は、これを認めない。

これまで憲法第9条2項における「陸海空軍その他の戦力」という語の解釈をめぐっては、時々の政権により複数の見解が公にされ、最高裁判所は多くの具体的事件に対する司法判断を示す過程で、「自衛隊」の合憲もしくは違憲を判示し、さらにさまざまな立場の人々がそれぞれの視点を通じ、意見や研究を世に問い議論を交わしてきました。

しかし本書では、それらの内容を紹介する労はとりませんし、自衛隊の存否に関わる憲法論議に加わるつもりもありません。

つまりここでは、これまで長い年月にわたり俎上に乗せられてきた憲法解釈の問題とは距離をおいた上で、これまで本書に述べてきた軍司法制度についての話にもとづき、「わが国に現実に存在する警察力とは異なる重武装集団」すなわち「自衛隊」に、同制度が必要であるのか、あらためて考える「きっかけ」を提供してみたいと思います。さらに、もし自衛隊に軍司法制度が不可欠であると結論づけられるならば、あらためて、「特別裁判所は、これを設置することができない。行政機関は、終審として裁判を行ふことができない」と定める憲法第76条2項の内容と、「軍法会議」との関係を論理にもとづく合理性をもって整合させることができるか、その可能性を、模索してみるつもりです。

先に引用した前掲・山本「旧陸海軍軍法会議法の制定経緯」は、この点に言及し、まず憲法第9条関連では、

> 国家の交戦権を容認しない現行憲法下で、戦力としての軍隊の保有そのものが否定され、したがって軍法会議等の軍司法制度も、必然的に日本には存在し得ないこととなる。（45頁）

さらに憲法第76条2項については、

陸軍省及び海軍省といった一種の行政機関内で完結した戦前の特別裁判所制度は、明確にこれを禁止している。(45頁)

として、現行憲法下では軍司法制度がとり入れられる余地がないことを明言しています。一方、防衛研究所研究部第一研究室主任研究官である奥平穣治氏は、「防衛司法制度検討の現代的意義——日本の将来の方向性」(『防衛研究所紀要』第13巻第2号　2011年)において、冒頭に示された「要旨」の中で、

今後の方向性として、防衛刑法については、刑罰の見直し、犯罪類型の整理、自衛官としての名誉・処遇と責任・規律の均衡などのバランス感覚の考慮が必要である。防衛裁判所については、法曹の確保の必要、防衛裁判所の適用範囲の限定、事実認定を主任務とし量刑判断は一般裁判所が実施すること、裁判官制度による市民参加には消極的に対応すること、設置形態の検討の必要性がある。(115頁)

と述べ、各国の現行軍司法制度、自衛隊員に対する懲罰制度、わが国における軍司法制度

創設をめぐる議論など、多岐にわたる紹介を通じ、「軍刑法」（同氏は「防衛刑法」と命名）を定め「軍法会議」（同氏は「防衛裁判所」と命名）を編成することの可能性をいわば「前向き」の姿勢で論じています。

憲法第9条を字義どおり単純な国語的解釈のもとで読めば、誰が見ても、わが国が、「自衛隊」という警察力を上回る強大な重武装集団を、保持することは不可能である、という結論に到達するのは自明です。そうであれば、憲法第76条2項の存在を考慮する暇もなく、主として「軍人」を対象に開廷される軍法会議を、国家機関の一つとして設置する余地は皆無に等しく、この問題に対するアプローチはその時点で終了します。

しかし本書では、右に代表されるさまざまな見解を視野に入れつつ、あらためて一国における軍司法制度の存在意義について、現実にわが国で起きた具体的な事案を提示しいささかの検証を試みてみます。最初にお断りしておきますが、以下のいずれの出来事も、重箱の隅をつつき自衛隊や個人の行為自体を非難するためのものでないことはいうまでもありません。是非を論ずるのではなく、あくまでも軍司法制度の必要性を議論するための例示的素材としていただきたいと思います。

■「軍人の政治関与禁止」条の存在した意味

かなり前になりますが、本書の構想を抱き始めた平成22年2月（２０１０）の中旬、自衛隊に関わる一つの事件が新聞紙上にとりあげられました。陸上自衛隊の普通科連隊（歩兵連隊）の長である一佐（大佐）が、隊員への「訓示」のなかで、鳩山首相（当時）の対米政策を非難揶揄したと誤解されかねないような内容を述べたというのです。発言自体をめぐり、また処分について、マスコミを通じて賛否両論が紹介されましたが、連隊長は本意を釈明し、防衛省は「文書による注意処分」に処して事態の幕引きが図られました。

一方これはまた極めて最近の出来事ですが、本年5月末マスコミ各紙は、以下の記事（「J-CAST ニュース」２０１７年5月24日配信）に代表される報道をしました。

自衛隊制服組トップの河野克俊統合幕僚長が２０１７年5月23日に東京・有楽町の日本外国特派員協会で開いた会見で、安倍晋三首相が自衛隊の位置づけを憲法9条に明記しようとしていることについて「非常にありがたい」と述べた。

右の発言は、「一自衛官として」という断りを入れた上でなされたとのことですが、これは、「自衛隊最高指揮官としてではなく、一公務員の発言である」という意味の釈明でしょうか。しかし記事に付された当時の写真には、統合幕僚長の制服を着用したご本人が写っており、本来の意図や内容はともかく、客観的にみて公人の発言と受け取られてもやむを得ない状況を醸し出しています。

ところで、詳細についてはすでにふれたとおり、明治政府は、旧陸軍刑法編纂の最終段階で、急遽「軍人の政治関与禁止」条の追加を決定しました（本書81頁以下参照）。軍人が政治に関与することを厳禁する主旨の法文は、国家が掌握する軍統帥の根幹に関わるきわめて重要な法文として認識されています。松下博士は、前掲『日本陸海軍騒動史』中「四将軍上奏事件（明治十四年）」の項で、

（筆者注―四将軍が政治関与）をあえてしたことは、軍紀に違反し、軍秩を乱したということになるのであって、軍隊組織上から見て、看過すべからざる不法行為として糾弾されなけ

ればならぬのである。

と述べ、同条の存在意義を明快に指摘します。五・一五事件、相沢陸軍中佐による永田陸軍省軍務局長惨殺事件、二・二六事件、など昭和初期に続発した軍人による常軌を逸した過激な暴力的行動については、当事者にそれなりの主張や事由があり背景に憂慮すべき社会情勢があったとしても、人命を奪う挙にでたところでもはや釈明の余地はありません。そうした行動のおおもとをたどれば、事件を起こした「軍人」たちが共通に抱いたであろう、「政治への関与を望む心情の発露」がうかがわれ、彼らは、合法的に武器の所持使用を許されたことに乗じ、それを暴発させたと推測されます。

つまりこれらの事件は、「軍人」であるがゆえに恣意的な武器使用が可能ななかで決断された、「実力行使による政治関与」とも捉えられ、そのことにより、時とすれば国家自体の存立を危うくしかねない危機的な情況を惹き起こしたかもしれないという歴史的可能性が予想される状況下では、もちろん後年指摘される公判手続きをめぐる議論を無視するものではありませんが、軍紀維持のための峻厳を旨とする特別刑法、すなわち軍刑法が適用され軍法会議による処断がなされた意義は否定できません。

五・一五事件　海軍軍法会議の様子（横須賀鎮守府法廷、1933 年 7 月 24 日撮影、毎日新聞社提供）

永田陸軍省軍務局長惨殺事件（昭和 10 年 8 月 12 日、陸軍省において相沢三郎陸軍中佐が永田鉄山軍務局長を殺害した事件）の軍法会議の様子（1936 年 1 月 28 日撮影、毎日新聞社提供）

軌を一にするとは言い難いでしょうし、各人の思いやそこに至る心情を勘案するとしても、これまでに述べた内容をふまえ筆者の視点に立てば、かの統合幕僚長や連隊長の発言をめぐり、実際になされた事後処理（処分）はそれで十分であったのか、それほど簡単に事を済ませてよかったのだろうか、との疑問を抱かざるを得ません。なぜなら彼らは、少なくとも制服を身にまとっているかぎり自衛官の身分から逃れることはできず、まして片や佐官筆頭の階級にあり第一線の実戦部隊指揮官として千人単位の兵（編成により異なりますが通常最大1000人）を動かし武器を使用する権限を託されている連隊長、片や将官にして三軍の最高指揮官、そういった人々が、部下に対する「訓示」や「記者会見」という「公」の場で政治に絡む意見を明らかにしたわけで、行為自体が単なる「一国民」の私見の表明であるとは言い難いのです。

「軍人」ではなく「自衛官」の行為を対象とする仮説など意味のない荒唐無稽なものであるとの批判は承知の上で、あえて、たとえばこれらの事案を戦前の日本にあてはめて考えてみます。両事案とも、すでに掲げた「陸軍刑法」の「第103条　政治関与ノ罪」の適用が争点となりましょう。前掲・菅野『陸軍刑法原論』で、現役の陸軍法務中佐である著者

は、同条の趣旨にふれ、

軍構成員タル軍人モ亦国民ノ一員タルヲ以テ、軍人ガ国政ノ趨向ニ全ク無関心ナルコトハ到底不可能事ニシテ、否最近ノ所謂総合国力戦ノ必要痛切ナル時代ニ於テハ寧ロ軍人ガ国民トシテ或ル程度政治ノ運営ニ理解ヲ持ツコトガ望マシキ（304頁）

としつつ、同罪にいう「政治」とは「国家ノ成存及活動ノ根本ニ直接関係ヲ及ボス一切ノ事象」（306頁）を指し、そのことについて「上書、建白其ノ他ノ請願ヲ為スコト」（307頁）と「演説又ハ文書ヲ以テ意見ヲ公ニスルコト」（308頁）が犯罪を構成するとの見解を明らかにしています。

こうしてみると、かの統合幕僚長や連隊長の言動が、戦前の軍司法制度のもと軍刑法に抵触する疑義なしとはいえないのです。ただ右に引用した解釈中にも明示されているように、軍人の政治関与を禁止する本条は、軍人が政治に無関心であることを奨励した規定ではなく、むしろ政治に対する関心を素地とした上で、国家的利益を視野に入れ与えられた命令を有効かつ着実に果たすことを求めたもの、「軍人は政治に関心を持つことは許されないのか」という抗弁は的外れです。

いずれにしろ、戦前の軍司法制度のもとでは、内容がいかにオブラートに包まれていようとも、最高指揮官を批判することはもちろん、逆に賛意を表することも含め、軍人の政治関与と認められる言動は、軍の指揮命令系統を崩壊させる危険をはらみ国家の存亡を左右する危険行為と位置づけられ、「軍刑法」で罪責を問い、軍独自の司法機関である「軍法会議」の判断に委ねられる「重大犯罪」と認識されていたのです。

■ 自衛隊法と軍刑法

それでは一転現実に戻り思いをめぐらすとき、現行体制下で統合幕僚長や連隊長の行為に対する法的な対処としては、いかなる方策が選択可能でしょうか。そこで挙げられるのは、自衛隊法第61条1項と第119条1号と考えられます。すなわち、前者は、自衛官の「政治的行為の制限」を定める内容で以下のとおりです。

第61条　①隊員は、政党又は政令で定める政治的目的のために、寄附金その他の利益を求め、若しくは受領し、又は何らの方法をもつてするを問わず、これらの行為に関与し、あるいは選挙権の行使を除くほか、政令で定める政治的行為をしてはならない。

後者はそれに違反した場合、「3年以下の懲役又は禁錮」に処する旨の処罰を示しています。

ところで、陸軍軍人もしくは自衛官の政治活動に制限を加える主旨の2つの法文を比較するとき、規定された処罰内容もほぼ同様であり、少なくとも外観的に両者は、同類の法文とみなされる余地があります。そこからは、特別刑法など制定しなくとも、現行規定、すなわち自衛隊法第61条1項と第119条1号にもとづいて今回の幕僚長や連隊長の行為の可否を判断すれば、十分に対処できるのではないかとの発想が容易に生まれます。しかし筆者には、自衛隊法第61条1項の内容からは、何らかの政治的要求や行動をきっかけに、公許された重武装集団の一部が、所与の力をもって国政を危うくする重大犯罪をおかすかもしれないという危惧や認識は、皆目見出せません。つまり自衛隊法と陸軍刑法では、両条の立法主旨が根本的に異なると考えられます。自衛隊法の前掲法文は、あくまでも国家公務員として、不偏不党の意識のもと、常に公正平等な姿勢で勤務に励み任務を遂行することを求め立法されたものでしょう。未曾有の敗戦を体験した同法立法時の環境を勘案すれば、久々に姿を現した重武装集団が、かつて旧軍に横行した下克上ともいうべき政治的暴挙に再び手を染めることなど、思案の外であったからかもしれません。

いずれにしろ、本書執筆のこの時点において、わが国は「軍」を保持していないことになっており、それが今後も継続するのであれば、統合幕僚長や連隊長の行動も、せいぜい国家公務員としての誠実義務が問われる範囲に止まり、これ以上の議論の対象とはならないと言わざるを得ません。

とはいっても、現在、「自衛隊」の組織や外形的装備は、世界の基準に照らしても有数の「軍」そのものと言って差し支えない存在です。自衛隊に関する憲法改正の議が起きた時、最終的な議論の焦点は、「正規軍」（たとえばの名称で、命名となれば案は百出するでしょう）創設に絞られるでしょう。実現した場合、もちろん自衛隊という軍事集団の衣替えという方策がとられることはほぼ確実です。しかし自衛隊に関わる憲法改正論議が現実のものとなっていく過程で、政府は、国民のために、また「自衛隊」という重武装集団を担う現役自衛官のために、あらためて、組織・運用・統制などに関し入念に「見直す」作業に時間を惜しんではいけないと思います。なぜなら外形的に「軍」に相当する存在であると認められる今日の自衛隊であっても、そこには、やはり軍とは似て非なる部分が多々あるからです。

その一環として法制度の整備や法文の再検討は必須です。「自衛隊法」と「旧軍刑法」が近似する内容でともに定める「政治関与禁止」条の意味や存在意義が、実はそのよって立つ基盤を異にする、という指摘はすでにるる論じました。この他にも自衛隊法の中には、出動命令の内容（たとえば自衛隊法が定める「治安出動」や「防衛出動」などを指します）に応じて、命令不服従・上官に対する共同反抗・逃亡などを処罰する規定が存在します。いずれも本来の軍刑法にも必ず配される条文です。

しかしこれら諸条文も、軍刑法であれば、軍紀を維持し実戦における部隊の戦闘行動を有効ならしめるための立法主旨に立脚するものでなければならないのが当然ですが、交戦権を認められていない自衛隊では、自衛隊法第61条1項でふれたと同様の主旨で存在することで十分役を果たすと解されます。こうしたことから、民意をもとに憲法問題として「正規軍」の存否を論ずる際には、本来「軍」としての統制と軍紀の維持を最大の目的として置かれるこれら法文について、これまで存在してきた「軍刑法類似」の諸条のあり方を根底から「見直し」し、あわせて運用の任を担う軍司法制度創設の可否も同じ卓上で議論することが必然ではないかと考えます。もちろんそこでは、「特別裁判所」の存在を認めない憲法第76条2項との整合も重要な論題にならなければ、画竜点睛を欠くことになります。

■「自衛隊」と「軍隊」

ここで話の向きを少し変えます。現実に自衛隊の置かれる環境の一隅に目を投じてみましょう。近時10年来の中で、それは大きく変化しつつあるといわざるを得ません。際立つことは、自他ともに以前とは比べものにならないくらい、軍そのものとしての行動を求められる状況が増えたという点でしょう。特に近年になって「国際貢献」の名のもとに、現に紛争を抱える地帯をふくめ世界各地に、法の規定に従い、陸・海・空3自衛隊が派遣される機会が少なくありません。

このことについては、すでに奥平氏が、前掲「防衛司法制度検討の現代的意義」で示した、近年の防衛に関する状況の変化としては、国際平和協力活動の進展が顕著であることが挙げられる。即ち、海外での自衛隊の任務遂行の機会が増大し、そこでの安全を確保するために武器を使用する可能性が高くなっている。(117頁)

との指摘からも明らかです。

戦後長きにわたって自衛隊を日本の国外、つまり領土・領海・領空・領水の外へ派遣することは、議論の余地がないくらいタブー視されてきました。その背後には、特に昭和10年台はじめ以来太平洋戦争終結に至る間に、わが国の陸軍および海軍が中国大陸や東南アジア、そして太平洋の各地に進出し侵略的行為をしたとする歴史的評価や認識をもとに、二度とそうした行動により世界平和を乱すような過ちはくり返さないという自省自粛の念が、時々の政府を含め、戦後教育を受けた多くの国民の共通認識であったからでしょう。それがために、少なくともこれまで各地域に派遣されてきた部隊の任務は、武力を行使しないことを大前提とし、輸送業務や地域の環境整備、衛生状況の改善など、一般に民生支援といわれるものに限定されてきました。

ところが最近は、海賊行為に対抗する武力制圧のように、たとえそれが威嚇射撃から始まるとしても、状況によっては、最終的に目標に向けて直接の実射を伴わなければ目的を達成できない行動にまで、守備範囲が広げられつつあります。それは「駆け付け警護」と称する、ＰＫＯ活動で出動したこれまでの部隊に許された「武器使用」の範囲を大きくこえる権限を持つ部隊の派遣により、一層現実味を帯びています。したがって、自衛隊という、武器、それも警察官が個人装備している拳銃のような小火器の類ではなく、能力に関して世界でもトップクラスとの評価を受けている兵器を携えた集団が、法の下でそれらを実際に使用し、結果、相手方の人員を殺傷し機材に損傷を与え、またその反対に、自衛隊の側にも人的・物的損害が生じるという事態が惹き起こされる可能性が目前に迫っているといえましょう。

国家が、合法的に兵器の所有を認めた重武装集団が、国際的な許諾と支持のもと、共通の利益を確保し危難を回避するために、「正当な命令」にもとづいて所与の武力を用いることは、歴史的見地や国際慣習からも何ら問題はないとされます。自衛隊が、少なくとも国際社会において「正規軍」として認知されているのであればなおさらの話です。

このことに関しては、たとえば「陸上自衛隊」を英語に訳したときに、国内においての正式英文名称として用いられているのは「Japan Ground Self-Defense Force」です。一般的に正規軍である「陸軍」を意味する「Japanese Army」という表記は、自衛隊の文書や行事でもまったく見られません。憲法との関係でその語が公式に使えないのは承知の上ですが、体感的に現にそこにある重武装集団を呼ぶとき、皆さんはどちらを選択するでしょうか。筆者の個人的な感覚でも後者であり、「名は体を表す」のとおり国際社会でもっとも通用しやすいのも後者でしょう。現場では実際そうした使われ方がされているとも聞きます。

さらに階級の呼称をとりあげてみても、陸上自衛隊が現用している「1等陸尉」という階級呼称は、世界各国陸軍に共通する「captain」を指し、「captain」は一般に「陸軍大尉」と訳されます（戦前の日本陸軍も同じです）。だいぶ古い資料ではありますが、昭和52年度版の防衛庁人事教育局が監修して刊行した『自衛隊　米英略語小事典』の「CAPT」 (captain) の項には、「大尉、1尉(陸、空)」との記述があり、両者が表記こそ異なるものの、等しく軍人として尉官筆頭のランクを指し、世界共通に応分の身分的扱いを受ける地位であることが、明らかにされています。ゆえに自衛隊が現用する「1尉」は、自衛隊のために新たに創られた独自の呼称ですが、数次の変遷はあったものの、警察や海上保安庁とは異なる、本来「軍」でなければもち得ない特有の階級制度を有し続けてきたことになります。そのことを非難するつもりはありませんが、国内的には、憲法との矛盾を突かれかねない旧軍を彷彿とさせる名称だけは避けながらも、国外から見れば、「軍」として認識される素地を用意し、そこに、産声をあげたばかりの警察力を超える重武装集団が、いつの日か国の内外を問わず、「軍」として認知されるであろうとの、自衛隊創設者たちの、「期待」あるいは「希望」がうかがえるような気もします。考えすぎでしょうか。こうした例は、「戦車」を「特車」、「駆逐艦」を「護衛艦」、「歩兵連隊」を「普通科連隊」と命名使用するなど枚挙にいとまがありません。

そしてその「期待」あるいは「希望」は、先に述べたように、国際社会では現実のものになろうとしています。

つまり、国内の憲法論議はそれとして、少なくとも事実認識の上では、海外に派遣された自衛隊は、日本国「正規軍」としての扱いを受けているとの想定が可能です。逆に、もしそうした地位が認められないならば、万が一戦闘行為で自衛隊員が捕虜となったときにも、生命の保証をはじめとする戦時国際法の保護下に置かれなくなってしまうのです。

■憲法論議とともに軍の司法制度を考える

以上述べてきた内容からうかがえるように、自衛隊の位置づけをめぐり膠着し続けている憲法改正論議が、海外への派遣を命ぜられた自衛隊各部隊の行動に投げかけてきた波紋は決して小さいものではないでしょう（本書10頁以下）。そして、海外派遣の頻度が増すほど、作戦行動をともにする多くの同盟軍が抱懐する軍司法制度のあり方を議論もせず、目をつむったまま今日を迎えたことに、筆者はどうしても喉に小骨の刺さったような違和感を感じています。軍司法制度の存否をめぐる議論の必要性は喫緊の課題の一つとして横たわっていると思います。すなわち、わが国の軍司法制度は、まさに「日本の常識は世界の非常識」の渦中にあるとも言えるのではないでしょうか。

奥平氏は、前掲「防衛司法制度検討の現代的意義」で、氏の命名する「防衛裁判所」設置に向けての課題として5項目を掲げていますが、その中で同裁判所の「設置形態」に言及し、「現行の日本国憲法の下では」と断った上で、

①特別法に基づき行政機関が行政審判として該当事例について「審判」を実施する（例：海難審判所）

②一般司法裁判所の系列に属する専門裁判所として防衛裁判所を設置する（例：家庭裁判所）

の2つを、「仮に憲法が改正され、特別裁判所の設置が可能になった場合」には、右の2形態に加え、

③司法権を一般裁判所と特別裁判所に分掌する形で、純粋の司法機関として防衛裁判所を設置する

を選択肢に加える旨を提言をしています（136頁以下）。

特に①に関しては、かなり時間が経過しており、内容の把握も正確でなく執筆者のお名前を思い出せないのですが、確か元自衛官の書かれた一文に、戦後の体制下での軍法会議の創設について、憲法の規定に抵触することなくそれを可能にする方策として提示されていた記憶があります。そのとおりではありませんが、主旨を私なりに思い起こし多少内容を補い記しておきます（文責は筆者にあります）。要約しますと、

まず、近年においては、医事、特許、租税、海難、航空事故など法的解決に際し、高度な専門的知識にもとづかなければ、判断が難しい分野が多く存在する、そのためにそれぞれ特別裁判所的な機関が設置されている、たとえば、租税については「国税不服審判所」、海難については「海難審判庁」、航空機事故については「航空機事故調査委員会」などがそれに当たる、ただそれらは行政庁であり、現行憲法第76条2項に抵触するものではない、このような例に倣い、軍に特異な事案の法的判断を軍法会議に類する機関に専属的に管轄させ、最終段階の判断は、司法に委ねるという制度を立ち上げれば、憲法改正議論と衝突せずにすむのではないだろうか

という見解でした。

ただ大変うがった推測をあえて申せば、もしかすると、何ら防衛省や自衛隊という組織と公的接点を持ったことのない筆者が、軍司法制度の問題が国家の内部でどの様な扱いをされているか知らないだけで、こうした指摘をすること自体全くの的外れなのかもしれません。もはやすでにしかるべき国家機関で議論がし尽くされ、深く沈潜するどこかに「準備品」が安置されており、お前のような部外者に言われなくともとっくに解決済みだといわれてしまえば、何をかいわんやです。以上は筆者の妄想かもしれず、根拠はありません。

■ 本書のさいごに

本書では、軍司法制度について、これまでの筆者の研究や時々に感じてきたことにもとづき、わが国を中心とする同制度の歴史的な内容や、日本の「今」にも焦点を絞り若干の記述を進めてきました。

自衛隊という組織が、まだしばらくの間現在のような位置づけで存在するとすれば、軍司法制度との関連にもさしたる進捗はないでしょう。反面、憲法改正が現実になり「軍」

の存立が認められた場合でも、軍司法制度の導入が当然に進められるのか、それとも、それはそれとして場合によれば現状が維持されたままとなるのか、先行きを見通すことは困難極まりないと思います。

なお、くり返しになりますが、もし新たに軍司法制度を創設するのであれば、司法権独立を支える法的根拠でもある憲法第76条2項との関係をいかに整合させるか、立ちはだかる最大の障壁として、それを越える手立てをめぐり可能なかぎりの試論を提起分析し、その場しのぎではない議論がなされるべきでしょう。また最終的に、国民の総意が、自衛隊が軍刑法や軍法会議に該当する法や制度を保持しないという選択をするならば、現実を直視しそれに替わるシステムの構築も視野に入れるべきであると思います。自衛隊が、わが国の独立を維持し国民の安全に寄与する組織として存在するかぎり、できれば近々に解決しなければならない重要な課題であろうと思います。

あとがきにかえて――

最後に一言申し述べます。

かつて明治法制史研究の一環として、明治15年1月1日に公布された「旧陸軍刑法」の編纂過程や編纂関係者について、研究論文を発表しました。本書はその余滴ともいうものです。お読みいただければおわかりいただけるように、筆者は本書で、現在の自衛隊に本当に軍司法制度が必要であるかどうか、明快な結論は示していません。「軍」という組織を維持し実力を発揮させるために、それが無ければ機能不全を来たすものか、いまだ確信する境地に至っていないというのが本音だからです。わが国の為政者たちも、諸外国の為政者たちも、さまざまな目的で軍司法制度を創設しました。一番わかりやすい理由は、本書の中でも幾度となく挙げたように、軍紀を維持し統制を極め「戦い」に勝利する強い軍隊を作り上げる、そのために、厳しい訓練により鍛え上げることは第一として、規律さらには法による処罰の存在を背後に置きながら行動を戒め各戦闘員を躊躇なく常に同じ方向に駆り立てる、というところに見出せるのではないかと思います。そしてもしそれだけだとすれば、自ら戦わない自衛隊に、軍司法制度に類する機関を設ける必要があるのだろうか、という逡巡にも行き着くのです。

　しかし一方で、ある意味有無を言わさぬ強力な司法権を有する軍司法制度が、万が一国民に向けられる重武装集団の不法な実力行使を阻止する最後の砦の役を果たすのであれば、大きな存在価値を持つことになるとも思います。この本を購入された読者の方々には、そういった点も含めて、軍司法制度というものを考える出発点にしていただければと考えています。

　本書が成るは、ひとえに慶應義塾大学出版会編集部岡田智武氏のご尽力によるものであり、紙面を借りて心からなる御礼の気持ちを表しておきます。怠惰では人後に落ちない筆者が、曲がりなりも一冊の書籍を刊行できましたのは、本人自身にとってさえ奇跡に近いことと実感しています。デザイナーの方の素晴らしいセンスにより作られた装幀に惹かれ本書を購入され、ここまで読みきっていただいた読者の皆さんにも、感謝申し上げます。本書内容が期待はずれであった時のお詫びとともに。

平成29年7月 7日

久しぶりに陽射しに恵まれた七夕の日の朝筆者識す

主要参考文献

遠藤芳信「1880年代における陸軍司法制度の形成と軍法会議」『歴史學研究』第460号1頁以下（1978年9月　歴史學研究會）

大植四郎編『明治過去帳』（新訂初版　1971年11月　東京美術）

大江志乃夫『戒厳令』（岩波新書37　1978年2月　岩波書店）

大久保泰甫『日本近代法の父　ボワソナアド』（岩波新書33　1977年12月　岩波書店）

奥平穣治「防衛司法制度検討の現代的意義――日本の将来の方向性」『防衛研究所紀要』第13巻第2号115頁以下（2011年1月　防衛研究所）

勝海舟編著『陸軍歴史』（全30巻）（1890年（明治22年）12月～　陸軍省総務局）

霞信彦「竹橋暴動に関する一考察――とくに陸軍砲兵少尉内山定吾の処分を中心として」『軍事史学』第12巻第3号45頁以下（1976年12月　軍事史学会）

霞信彦『距を踰えて　明治法制史断章』（2007年11月　慶應義塾大学出版会）

河井繁樹「自衛隊司法制度の検討――軍刑法や軍法会議に相当する制度検討の必要性」『陸戦研究』第52巻第610号1頁以下（2004年7月　陸戦学会）

清瀬一郎「日本に於ける軍法会議の起源及び発達」『改造』第18巻第5号（1936年（昭和11年）5月　改造社）

篠原宏『陸軍創設史　フランス軍事顧問団の影』（1983年12月　リブロポート）

菅野保之『陸軍刑法原論』（1943年（昭和18年）9月　松華堂）

高木俊朗『インパール』（1975年7月　文藝春秋）

高木俊朗『抗命』（1976年11月　文藝春秋）

中原英典「明治前期における備警兵構想について」『明治警察史論集』（1980年11月　良書普及会）

中村秀樹『自衛隊が世界一弱い38の理由』（2009年5月　文藝春秋）

林茂『日本の歴史25　太平洋戦争』（改版　2006年9月　中央公論新社）

復員局『陸軍軍法会議廃止に関する顚末書』（1948

年（昭和23年）9月　復員局法務調査部調製）

松下芳男『日本陸海軍騒動史』（1974年10月　土屋書店）

松下芳男『改訂　明治軍制史論（上）』（1978年6月　国書刊行会）

宮永孝『幕末オランダ留学生の研究』（1990年10月　日本経済評論社）

森沢亀鶴編・防衛庁人事教育局監修『自衛隊　米英略語小辞典』（昭和52年度版　学陽書房）

山本政雄「旧陸海軍軍法会議法の制定経緯——立法過程からみた同法の本質に関する一考察」『防衛研究所紀要』第9巻第2号45頁以下（2006年12月　防衛研究所）

山本政雄「旧陸海軍軍法会議法の意義と司法権の独立——五・一五及び二・二六事件裁判に見る同法の本質に関する一考察」『戦史研究年報』第11号64頁以下（2008年3月　防衛研究所戦史部）

結城昌治『軍旗はためく下に』（1970年7月　中央公論社）

和田誠・川本三郎・瀬戸川猛資『今日も映画日和』（2002年9月　文藝春秋）

「陸軍省日誌」（1872～1882年（明治5～15年）　陸軍省）

NHK取材班・北博昭『戦場の軍法会議　日本兵はなぜ処刑されたのか』（NHK出版　2013年5月）

NHK歴史発見取材班『NHK歴史発見【4】』（1993年3月　角川書店）

Aaron Sorkin, *A FEW GOOD MEN*, SAMUEL FRENCH Inc., Apr., 2012.

Lieutenant Colonel Lawrence P. Crocker, U.S. Army (Ret.), *The Army Officer's Guide*, 43rd Edition, Stackpole Books, Feb., 1987.

『ア・フュー・グッドメン』（『A FEW GOOD MEN』1992年12月公開　COLLUMBIA PICTURES and CASTLE ROCK ENTERTAINMENT）（監督 ロブ・ライナー、脚本アーロン・ソーキン、日本語字幕翻訳 菊池浩二、日本語吹替翻訳 木原たけし）

「戦争は罪悪である～ある仏教者の名誉回復～」（2010年10月12日　NHK）

「戦場の軍法会議～処刑された日本兵～」（2012年8月14日　NHK）

「U.S. NAVY JUDGE ADVOCATE GENERAL'S CORPS」ホームページ（http://www.jag.navy.mil/about.htm）（最終アクセス2017年6月）

霞　信彦（かすみ のぶひこ）
1951年生まれ。慶應義塾大学名誉教授（前法学部教授）。慶應義塾大学大学院法学研究科公法学専攻博士課程単位取得退学。法学博士（慶應義塾大学）。
主要著作：『明治初期刑事法の基礎的研究』（慶應義塾大学法学研究会叢書、1990年）、『日本法制史 史料集』（共編、慶應義塾大学出版会、2003年）、『矩を踰えて 明治法制史断章』（慶應義塾大学出版会、2007年）、峯村光郎（田中実補訂）『改訂・法学（憲法を含む）』（霞信彦ほか改訂、慶應義塾大学通信教育部、2010年）、『日本法制史Ⅱ――中世・近世・近代』（共著、慶應義塾大学通信教育部、2012年）、『法学概論』（慶應義塾大学出版会、2015年）、『法学講義ノート 第6版』（慶應義塾大学出版会、2016年）、『明治初期伺・指令裁判体制の一掬』（慶應義塾大学出版会、2016年）他。

軍法会議のない「軍隊」
――自衛隊に軍法会議は不要か

2017年8月15日　初版第1刷発行

著　者――――霞　信彦
発行者――――古屋正博
発行所――――慶應義塾大学出版会株式会社
〒108-8346　東京都港区三田2-19-30
TEL〔編集部〕03-3451-0931
〔営業部〕03-3451-3584〈ご注文〉
〔　〃　〕03-3451-6926
FAX〔営業部〕03-3451-3122
振替 00190-8-155497
http://www.keio-up.co.jp/
装　丁――――鈴木　衛
印刷・製本――中央精版印刷株式会社
カバー印刷――株式会社太平印刷社

Printed in Japan ISBN978-4-7664-2453-9